U0162949

趣味化学

杨先碧 徐 娜 编著

上海辞书出版社

图书在版编目（CIP）数据

趣味化学 / 杨先碧，徐娜编著. —上海：上海辞
书出版社，2020
（趣味科学丛书）
ISBN 978 - 7 - 5326 - 5589 - 2

Ⅰ. ①趣… Ⅱ. ①杨… ②徐… Ⅲ. ①化学—普及读
物 Ⅳ. ①06-49

中国版本图书馆 CIP 数据核字（2020）第 100054 号

趣味化学 qu wei hua xue

杨先碧　徐　娜 编著

责任编辑	于　霞	
装帧设计	陈艳萍	

出版发行　上海世纪出版集团
　　　　　　　上海辞书出版社（www.cishu.com.cn）
地　　址　上海市陕西北路 457 号（邮编 200040）
印　　刷　上海盛通时代印刷有限公司
开　　本　890×1240 毫米　1/32
印　　张　6
字　　数　145 000
版　　次　2020 年 9 月第 1 版　2020 年 9 月第 1 次印刷
书　　号　ISBN 978 - 7 - 5326 - 5589 - 2 / O・79
定　　价　20.00 元

本书如有质量问题，请与承印厂质量科联系。电话: 021 - 37910000

目　录

化学趣闻

化学新发现

能源新时代

可怕的化学

环境"治疗"

化学大师

化学趣闻

huaxueguwen

最大水晶长逾十米

你见过长十几米的天然水晶吗？或许在梦里见过，或许在科幻片中见过。2000年，一些寻找矿藏的研究人员就真真切切地在墨西哥的一个洞穴中见到了这样的水晶，而且数量居然多达170根，因此这个洞穴被推选为世上最大的水晶洞。那样巨大的美丽水晶，任谁看一眼都会终生难忘。

荒芜的沙漠看上去了无生趣，但是在沙漠的地下深处蕴藏着许多鲜为人知的秘密，不少油田、金矿和宝石矿就是在沙漠中发现的，因此沙漠也成了寻宝者的乐园。2000年，一些研究人员带领工人在墨西哥奇瓦瓦沙漠深处的奈加山脉一带寻找矿藏。奈加山脉因2 600万年前的火山活动而形成，矿产十分丰富，蕴藏着大量的铅、锌和银。

这些"寻宝者"找到了一个废弃的旧矿，这个矿早在1794年就被人发现，是当地有名的"银矿"，直到1900年，矿井里的金银才开采殆尽。此后，开矿者又在矿井里发现了铅和锌。大约开采20年后，这口矿井被废弃了。然而，新来的"寻宝者"认为其中还有宝藏，他们沿着老矿井继续挖掘。结果在地下300米深处发现了价值难以估量的巨型水晶洞。

水晶洞的岩壁十分潮湿，上面覆盖着如刀片一样锋利的一簇簇晶体，看上去完美无瑕。洞内的巨型水晶柱长度超过10米，每根质量超过50吨。这样巨大的水晶居然多达170根，为世界罕见。地质

学家加西亚·鲁伊斯感慨地说："世界上没有哪个地方能如此漂亮，这一重大发现将会成为新的世界奇观。"

　　巨型水晶的形成缘于洞穴内得天独厚的地理和气候环境。由于水晶洞下面 1 600 米处就是岩浆，在岩浆的不断加热下，富含矿物的地下水从数百万年前开始渗透整个洞穴。大约 60 万年前，地下岩浆开始冷却，矿物开始从水中结晶，历经数十万年的岁月洗礼，晶体变得越来越大，就形成了今天所呈现的巨大水晶。

　　这个天然水晶洞为马蹄状，长 270 米，宽 90 米。水晶洞里现在依然流淌着富含矿物质的水，水温长年保持在 58℃ 左右。洞内的环境非常适合水晶的生长。

　　水晶洞中的平均气温达到 44℃，湿度更是达到 90%。这样的环境条件对人类非常危险，在没有任何防护的情况下，人一般只能在洞里待 15 分钟，时间一长就会有生命危险。进入洞中的研究人员和工人们需穿着防护服,背着降低体温的空调装置。

　　为方便科研人员进入,墨西哥矿业公司用抽水泵将山洞里面的水抽出。现在,为了更好地保护这一奇观不会被盗宝者毁损,已经为水晶洞安装了一扇厚重的铁门,以防止外人进入。矿业公司表示,等到条件成熟时才会对外开放,到时世界各地的游客都可以到这里来目睹世界上最大、最壮观的水晶洞。

　　水晶是一种无色透明的石英晶体矿物。它的主要化学成分是二氧化硅,跟我们常见的沙子的化学成分是一样的。当二氧化硅结晶完美时就是水晶;二氧化硅胶化脱水后就是玛瑙;二氧化硅含水的胶体凝固后就成为蛋白石;二氧化硅晶粒小于几微米时,就形成玉髓、燧石、次生石英岩。水晶的发现年代很晚,最早于1676年为英国人乔治·雷文斯克罗夫特首次发现。

　　纯净的水晶是无色透明的,如果水晶在生长时混入其他矿物就会呈现多种颜色,比如黄色和绿色水晶中含有铁,紫色水晶中含有钛或锰。水晶中常含有砂状或碎片状针铁矿、赤铁矿、金红石、磁铁矿、石榴石、绿泥石等包裹体;发晶中则含有肉眼可见的似头发状的针状矿物的包裹体。

　　结晶完美的水晶常呈六棱柱状,柱体为一头尖或两头尖,多条长柱体连接在一块,美丽而壮观。二氧化硅结晶不完整,形状可谓是千姿百态。水晶熔点为1 713℃,受热易碎。将水晶放在喷焰器的烈焰上燃烤,除非有很好的保护,且慢慢冷却,否则晶体容易碎裂。工厂生产的人造水晶生长速度相当惊人,可达到每天0.8毫米,但天然水晶要用上数千万年的时间。因此,人造水晶的价值远远低于天然水晶。

植物医生闻香看病

植物生病了不能像人那样去医院看病,不过植物也有它们的"医生",而且它们有特殊的方法邀请医生来看病。2006 年,日本京都大学生态学研究中心教授高林纯示等人发现,植物叶子被虫子咬伤后会散发出特殊的香味,引来植物"医生"——害虫的天敌。

研究人员发现,植物普遍拥有产生清香的酶。植物叶片在受到害虫的咬食之后,害虫口腔内分泌的唾液同时流到植物的受伤部位,而植物受伤部位则流出一些绿色的汁液,其中的清香酶在害虫唾液的刺激下,散发出特殊的香味。例如,卷心菜叶片受到菜粉蝶幼虫的取食后,释放出的特殊香味可吸引远处的"医生"——菜粉蝶的天敌粉蝶绒茧蜂,这种蜂常寄生在菜粉蝶幼虫上。在一项实验中,卷心菜叶片受到菜粉蝶幼虫咬食 1 小时后,大部分寄生蜂飞向遭受虫咬的植株,只有 5% 的寄生蜂飞向没遭受虫咬的植株。又如,大豆植株的叶片受到蚜虫咬食后,散发的香味可吸引来蚜虫的天敌——瓢虫。

植物为何能够通过香味来邀请"医生"呢? 原来,植物散发的香味中含有一些挥发性的信息化合物,可引诱害虫的天敌前来清除害虫。这些化合物主要是芳香族化合物,也就是分子结构中带有一个或多个苯环的化学物质。从历史上来看,早期的芳香族化合物不是人工合成的,而是从植物中提取出来的。19 世纪中叶,化学工作者发现有相当多的有机化合物具有一些特别的性质,它们的分子式中氢原子与碳原子之比往往小于 1,但是它们的化学性质不像一般的

不饱和化合物,例如,它们不容易发生加成反应而容易发生取代反应。这些化合物中许多有芳香气味,因此当时称它们为"芳香族化合物"。

后来,化学家发现芳香族化合物是苯分子中一个或多个氢原子被其他原子或原子团取代而生成的衍生物。有些化合物可以看作是由苯通过两个或两个以上的碳原子并连起来的多环体系,它们也属于芳香族化合物,如萘和蒽等。20 世纪 30 年代以后,芳香族化合物的含义又有了进一步的发展。有些化合物不含苯环,但具有芳香族化合物的某些性质。例如,酚酮、二茂铁等都能发生取代反应,属于非苯芳香族化合物。

除了招引植物"医生"外,有的植物在受到害虫咬食后释放的气味本身还可以驱虫。例如,茶树的叶片在受到蝉的咬食后,会散发出一种独特的香味,蝉却不喜欢闻这种气味,只好匆匆逃走了。目前,昆虫与植物的"化学通信"已经成为害虫防治利用的新领域,在昆虫与植物的长期协同进化过程中,为了适应不断变化的外界环境,双方都发展了一套相互抑制、相互适应、相互作用的生存对策。

研究昆虫对植物挥发性信息化合物的影响与利用,可以帮助人类寻找害虫的自然控制因子,探索环境友好型害虫防治途径。那么,这个研究有什么实际的用处呢?如果把这项成果应用到蔬菜栽培方面,有可能减少农药的使用量,让人们餐桌上的蔬菜变得更加绿色健康。

追踪神奇北极光

神秘的北极有许多美丽的风光,不仅有我们在动物园可见到的北极熊,还有我们需要到北极才能够亲眼看到的北极光。27 岁的德国女摄影师克尔斯汀·兰根伯格尔自 2003 年开始,在随后的 7 年中,独自穿行于冰岛或挪威的北极圈内地区,拍摄到一批神奇的极光照片。

为了获得一张完美的北极光照片,兰根伯格尔常常穿着雪靴、驾着狗拉雪橇在风雪中穿行,甚至要攀爬一些险要陡峭的山峰。为确保寻找到在夜空中清晰可见的北极光,她孤身一人离开夜光受到污染的城市,穿行于冰天雪地的荒野中。兰根伯格尔在北极圈内 500 千米处的挪威芬马克的朗菲尤尔波特设基地,白天以训练阿拉斯加哈士奇狗拉雪橇为职业。

在北极漫长的冬夜里,兰根伯格尔常满怀情趣地独自一人前往偏远地带,寻找神奇的北极光。她说:"我不认识任何一个跟我一样傻的、愿意与我同行的人,所以,我总是独自一人行动。"兰根伯格尔总是将雪靴放在身边,准备好随时顶着风雪外出。她希望通过摄影,将极光带给那些没有机会实地欣赏这种美景的人。目前,兰根伯格尔已经从一个业余爱好者转变为一名职业摄影师,她现在充满自信地生活着,为自己的北极之旅而骄傲。

兰根伯格尔说:"要拍摄极光,运气也是重要的因素。因为你永远不知道北极光会在哪出现,万事俱备后,你只需把握机会了。"事实上,极光是一种变幻莫测的自然光,是大自然的魔手上演的天然魔术。极光出现的时间长短有差异,有时极光出现时间极短,犹如节日的焰火在空中闪现一下就消失得无影无踪;有时极光却可以在苍穹之中辉映几小时。极光的形状也千变万化,有时像一条彩带,有时像一团火焰,有时像一张天幕。

极光为何会出现缤纷多彩的颜色呢?这是因为太阳风和大气中不同的化学物质发生了不同的化学反应。极光的色彩主要为蓝色、红色和绿色,当太阳风主要和大气中的氮原子发生化学反应时,极光为蓝色或红色;当太阳风主要和氧原子发生化学反应时,极光呈现绿色或红褐色。

极光的英文名是 Aurora(欧若拉),这个名字来自古罗马神话中的曙光女神欧若拉。许多世纪以来,极光一直是人们猜测和探索的天象之谜。从前,因纽特人以为那是鬼神引导死者灵魂上天堂的火炬。13 世纪时,人们则认为那是格陵兰冰原反射的光。到了 17 世纪,人们才称它为"极光"。直到 19 世纪后期,科学家才弄明白极光是太阳风、地球磁场、地球大气相互作用并发生化学反应的结果。由于地球两极的磁场最强,这里也就产生了绚丽的极光。

太阳风携带了不少带电高能粒子,其能量可达 10 千电子伏。这些高能粒子使高层大气分子或原子激发或电离,并产生辉光。由于地磁场的作用,这些高能粒子转向极区,故极光常见于高磁纬地区。在离磁极 25°～30° 的范围内常出现极光,这个区域称为"极光区"。极光的光谱线范围为 310 ～ 670 纳米。其中最重要的谱线是 557.7 纳米的极光绿线,这是高能粒子和氧原子发生化学反应产生的。

大地色彩从何而来

我们居住的大地是一块大画布,上面有各种各样的风景,颜色特别丰富。除了大地上的植物、建筑、湖泊外,土壤本身的颜色也很多,其中棕色是土壤的主色调。为什么土壤会以棕色为主色调呢? 这一直是一个谜。2006 年,美国科学家揭示了这个谜底。科学家发现,土壤中的化学成分决定了它们的颜色,土壤的主色调是碳元素形成的。

揭开土壤主色调之谜的是美国加利福尼亚大学尔湾分校的生态学家斯蒂文·艾里森。他指出,土壤的颜色形成与土壤生物有关。叶长叶落、花开花谢是自然界的普遍规律,残枝败叶、枯树落花最终要掉在地上,进入土壤。生活在土壤中的微生物和甲虫、蚯蚓等动物,利用特殊的酶将进入土壤的植物残体分解,并将这些食物"切"成适合自己进食的大小。

饥饿的土壤生物每天忙个不停,不断地分解植物中的有机化合物,然后排泄出粪便,为新生长的植物提供养料,或者将分解产物直接释放到大气中,让碳元素进入新的循环中。但是,由于土壤生物过于贪得无厌,吃得太多,有时消化不过来,把一些没有完全分解的有机化合物排泄到了土壤中;另外,一些土壤生物死亡后,不能完全被其他土壤生物吃掉,也不能完全氧化分解。数亿年下来,土壤中积累了大量的有机化合物。这些小分子有机化合物的主要成分是碳元素,碳元素会吸收太阳光光谱中的多数颜色,而反射出来棕色。因此,土壤的颜色呈现出棕色。

艾里森表示,幸好生物界进化出了这些土壤生物,它们是隐藏在地皮下的"大功臣"。如果没有这些土壤生物,大地上的大分子有机物会越积越多,整个地球变成一个大粪场;同时,碳元素将随着这些大分子有机物堆积在大地上,不能进入新的循环,植物将耗尽地球上的二氧化碳,然后全部死亡,整个生物链断裂,包括人类在内的所有动物将因为没有食物而死亡。幸好这一切都只是假设。

当然,世界上还有很多地方的土地不是棕色的。有些沙漠地带呈现沙白色;不少地方的土壤富含铁元素,因此呈红色。挖开棕色的地皮,往往还能发现土壤的棕色中夹杂着其他多种不同的颜色。艾里森说:"如果土壤中没有那么多碳元素的话,土壤会呈现黄色、红色和灰色。土壤中的化学组成决定了它的色彩。"

氧气的"诞生"

许多很简单的问题,我们并没有确切的解释。比如,空气中的氧气是维系生命最重要的物质。然而,没有哪个科学家能够准确解释地球上氧气的真正来源。

但是,有一些猜想也许能够还原历史的真相。一些科学家猜想,地球上的氧气得益于光合细菌的存在。最新的研究表明,地球大气中氧气浓度的第一次大幅上升发生在距今约24亿年前。此时氧气浓度从一个极低的水平急剧增至2%左右,这被称为"大氧化事件"。关于"大氧化事件"发生的原因,目前最合理的猜测是蓝细菌的出现。

美国鲁特格斯大学的两位科学家认为,地球上的第一缕氧气可能与蓝细菌同时起源于约27亿年前。如果真是这样,那么为什么"大氧化事件"不是发生在距今约27亿年前,而是距今约24亿年前呢?看来"大氧化事件"并不是我们设想的那样:光合细菌一旦出现,氧气浓度将一路飙升。尽管"大氧化事件"是不争的事实,但其中定有曲折。正如英国伦敦大学学院地质学家格雷厄姆·希尔兹所说,氧气浓度演变是生物演化和地质演化共同作用的结果。

美国哈佛大学地质学家海因里希·霍兰的观点更具说服力。他认为,距今约27亿年前频繁火山活动喷发出的甲烷和硫化氢会与氧反应生成二氧化碳和二氧化硫,从而有效地消耗了光合作用释放的氧;待火山气体反应殆尽,氧气浓度才能稳步提高。也就是说,在光合细菌放氧与多重因素引起的耗氧之间存在一个平衡点,当氧气释放量超过消耗量时,过量的氧气才能在空气中积聚,表现为"大氧化事件",而达到这个平衡点正好耗时3亿年左右。

"大氧化事件"发生之后,地球大气浓度并不稳定。距今约19亿年前,地球大气中的氧气浓度又降至距今约24亿年前的水平。其原因可能是又一次"冰雪地球"事件(地球气候进入冰期)。在这一冰期里,光合细菌大量死亡。待火山爆发并喷出大气保温气体后,气温回升,融化的冰川冲刷岩石并携带大量营养物质流入海洋。这些营养物质会导致蓝细菌的短暂爆发,随后这些藻类死亡、腐烂,并消耗掉以前释放的所有氧气。

随着光合作用和溶蚀作用建立起新的平衡,地球大气中氧气很快又恢复到此前的稳定期,即氧气浓度达到2%左右。接下来的约

10亿年时间里(距今18亿年前至8亿年前),这种状态一直维持不变,被称为"沉闷的10亿年"。

经过了10亿年的漫长等待,距今8亿年前,陆生藻类和地衣大量出现。它们通过侵蚀岩石获取营养物质。随着生命的兴衰和生物圈的物质循环,大量的营养物质被带入海洋,激起了更多蓝细菌和其他具有光合作用的藻类的疯狂生长。地衣和藻类的生长使氧气浓度骤增。大部分氧气用于生物的呼吸作用,小部分转变成臭氧,在大气层上空阻挡有害紫外线,使地球生命免于有害辐射的损伤并安全登上陆地。当氧气浓度增加到一定程度时,高等生物应运而生,实现了地球上的第一次呼吸。

地球大气中氧气浓度的变化异常复杂。如果说生命的起源、进化及特征受环境的约束和影响的话,那么一部氧气的演化史决定着地球生命的昨天、今天和明天。

温暖之冰

我们都知道,水这种化学物质一般在0℃以下会结冰。冰给我们的感觉是十分寒冷的。有没有一种并不寒冷的冰呢?这样的话,当我们冬天吃冰棍的时候就不会感到太冷。这种冰可以称之为"温暖之冰"。

对于科学家来说,制造温暖之冰并非为了让我们冬天能更舒服地吃冰棍。有一篇名为《神秘冰武器》的科幻小说里写道,一位为军方制造秘密武器的科学家发明了可让水在室温下结冰的"种子",这种晶体状的"母冰"能够把室温下的水瞬间变成冰,以便陆军在沼泽地也能正常作战。然而,这种来自实验室的"母冰"在自然界难以控制,以致地球上的水都结成了冰,结果酿成了一场大灾难。

上面讲述的这个科幻故事虽然有些夸张,颇有些像金庸武侠小说中所描绘的毒药。但是,科学家认为让水在室温下结冰是完全可能的,而且韩国科学家已经首先完成了这样的结冰实验。

早在二十几年前,科学家就预言可以利用强电场的作用把室温下的水变成冰。水的化学结构比较松散,而冰中水分子之间的氢键比较强,强电场可以加强水分子之间的氢键。2003年,荷兰科学家根据电脑模拟试验再次论证了上述结论的可能性。

后来,韩国首尔大学的化学家李桑佑等人利用这个原理把室温(25℃)下的水变成了冰,而且他们利用的电场强度为100万伏/米,只是以前预言的10亿伏/米的一千分之一。

研究人员是意外发现这一现象的。当时,他们正在使用扫描隧道显微镜观察电子如何穿过一层水膜到达水膜下的电极。电子读数显示,扫描隧道显微镜的带电金属尖端在水膜中上下振动时,遭到了莫名其妙的阻碍。经过进一步检查,发现那层阻碍居然是冰。

研究人员得到这个意外的惊喜后,就专门设计了一个室温下的结冰实验。在一个金属盘里和一根金属尖器之间保留了一层水,在电场的作用下,金属尖器沿着金属盘向下移动时,盘中的水便在室温条件下结成了冰。

研究人员解释说,随着尖端不断下降,与电极距离也就越近,两者之间的电场就不断增强。当达到临界点,即大概2个水分子距离的时候,在电场作用下,水转化为固体形态。而具体的转化过程,科研小组认为还难以解释。

让研究人员吃惊的是,实验中的电场强度仅为100万伏/米,这比自然界存在的电场要弱得多。其实每米100万伏的电场普遍存在，比如脱羊毛衫时产生的静电、手机电池甚至是生物细胞里的离子都可以形成这样的电场。

科学家介绍说，强电场促进水结冰的原理可以解释一些自然现象。比如，可以解释夏天下冰雹的现象。夏天不少地方会下冰雹，这些冰雹摸起来并不是特别冷。科学家推测，在高空雷电的强电场作用下，水汽加快凝结，一部分变成了雨水；如果电场的强度足够的话，这些水汽则可直接变成冰雹。

曾经有地质工作者在一些地下岩石中探测到冰块，而这些岩层的温度在冰点之上。研究室温冰的科学家解释说，这些岩层在断裂的过程中相互摩擦，产生强大的静电场，让裂缝中的水结成了冰。

科学家相信，如果能够简化室温下的结冰设备，那么室温制冰可以有很多实用价值。比如夏天可以用电场产生室温冰，来制造人工溜冰场和冰雕，这样我们就可以在室温下溜真冰或者观赏冰雕了，而且不需要大量的冷气机，我们也不需要穿上厚厚的冬衣了。当然，冬天的温暖冰棍也不在话下。此外，室温冰在生物学、工业、旅游业、军事等领域也将有重要的用途。

比钻石更硬

钻石是世界上硬度最高的天然物质，在工业上可以作为切割的工具。但是，大粒的钻石实在太贵了，工业上用得较多的是人造钻石，而人造钻石往往颗粒很小，在使用上便受到很大的限制。因此科学家希望能够用人工方法合成超硬的物质，代替钻石，以有效降低成本。一些理论物理学家计算出，人工合成 w- 氮化硼的硬度比钻石更高，将成为最坚硬的物质。

一般而言，物质的硬度表示物质受到外力时所产生的形变的程度。硬度越高越不易发生形变。测量硬度最简单的方法是利用两种物质相互刻划，可以在对方表面留下刻痕的表示这种物质的硬度较高。

钻石之所以坚硬，主要是因为它的碳原子组成了稳定而强壮的八面体晶格。现在，钻石首次遇上了对手。有一些含有氮化硼的化合物被发现硬度与钻石相当，因此引起了物理学家对氮化硼的兴趣。氮化硼是由氮原子和硼原子所构成的晶体，化学组成为 43.6% 的硼和 56.4% 的氮，具有四种不同的变体：六方氮化硼（h-BN）、菱方氮化硼（r-BN）、立方氮化硼（c-BN）和纤锌矿氮化硼（w-BN）。

如何制取氮化硼呢？将三氧化二硼和氯化铵共熔，或将单质硼在氨气中燃烧，均可制得氮化硼。通常制得的氮化硼是石墨型结构，俗称为"白色石墨"。另一种是金刚石型，和石墨转变为金刚石的原理类似，石墨型氮化硼在高温（1 800℃）、高压（800 兆帕）下可转变为金刚石型氮化硼。这种氮化硼中 B—N 键长（156 皮米），与金刚石的 C—C 键长（154 皮米）相似，密度也和金刚石相近。

金刚石型氮化硼包括立方氮化硼和纤锌矿氮化硼。早在 1957 年，美国一家公司就制造出立方氮化硼单晶粉，20 世纪 70 年代初，制成聚晶的立方氮化硼刀具，这就是人造金刚石刀具。但是，与钻石相比，立方氮化硼的硬度还是要小得多。研究人员计算发现，如果把立方氮化硼进一步处理，氮化硼就可以 w 形式出现，而且纯度够高的话，将有可能比钻石更硬。w 代表的意义是这种氮化硼晶体的结构与纤锌矿晶体的结构类似。研究人员发现，对 w- 氮化硼施加够大的压力后,可以大幅提高 w- 氮化硼的硬度。

现在所发现的 w- 氮化硼尚处于实验室阶段,要真正应用还需更多深入的研究。就算 w- 氮化硼具有跟钻石同等级的硬度,还要证明它们具有容易制造、耐高温,不易与其他物质反应等特性,才能在工业上完全取代钻石。让我们拭目以待吧!

金属也容易疲劳

人累了就会有疲劳的感觉,那么金属会不会累,会不会疲劳呢?答案是肯定的。人过度疲劳后会导致个体生病或死亡,而金属疲劳会造成更大的伤害,它可能导致一群人死亡! 这绝不是危言耸听,金属大桥断裂、房屋倒塌、车祸、飞机失事,都会造成多人死亡,而这些惨剧的发生可能就是由疲劳金属断裂引起的。

为了说明金属也会疲劳,我们先来做一个小实验。找一把铝合金汤匙,然后从汤匙柄的根部将汤匙微微弯曲数次,最后金属将因为过度疲劳而断裂,就像人过度疲劳会生病一样。这个实验是很有名的,曾经有一些所谓的"气功大师"用它来显示他们的"特异功能",后来被媒体揭穿了,结果那是人人都能做的事情,只是需要一些遮人耳目的小技巧罢了。

人的疲劳感觉来自长期的劳累或一次过重的负荷,金属也是一样。金属的机械性能会随着时间而渐渐变弱,这就是金属的疲劳。在正常使用机械时,重复的拉、压、扭或其他的外力情况下都会造成机械部件中金属的疲劳。这是因为机械受压时,金属中原子的排列会大大

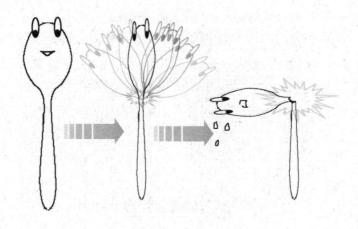

改变,太大的压力会使金属原子间的化学键断裂而导致金属裂开。

通常所有金属表面都存在微小缺陷,有的肉眼看得见,有的肉眼看不见。这些瑕疵都会使得应力在该处产生,从而导致金属裂开,所以,一次负载过重或是多次猛烈晃动,都会导致金属疲劳而从瑕疵处裂开。冶金学家可以用显微镜来检视金属表面看不见的瑕疵,他们研究如何以最好的方法来保护金属,使之免于疲劳。

现在人们已经知道了一些改进和强化金属的方法,相当于提高了金属的"健康"程度,可以让金属尽量少出现"疲劳"现象。让金属"强壮"的方法,那就是锻炼它们,令它们"百炼成钢"。现在我们所说的"锻炼身体"一词,其实就来源于对金属的锻炼。锻炼金属的首要方法是热处理,例如,对钢不断回火和捶打,使其韧化,减弱金属容易疲劳的特性。人们想到的第二个方法是制造合金,用两种金属相互填充空隙的方法来弥补瑕疵,提高金属强度。还有一个方法就是向金属中加入碳,以弥补那些瑕疵,比如我们熟悉的碳钢就是这样制造出来的。

随着科技的进步,新的复合材料已经研制出,如金属和玻璃纤维或塑料的合成物。这些复合材料不但保留了金属原来的强度,而且增加了纤维和塑料的韧性,使得金属不再轻易疲劳。

科学家证实,汽车刹车突然失灵而掉下悬崖、飞机发动机突然爆裂、强风使铁桥崩塌等惨祸发生前,刹车、机身、桥梁上都会产生异常震动,这实际上就是"金属疲劳"的一种诱因。所以,当工程师设计飞机、汽车、桥梁或其他机械时,都必须考虑到金属疲劳问题,以确保安全。

给金属过度加压或扭转会导致金属疲劳,由于这个原因,在使用金属部件时,工程师必须测试金属的结构,用电子计量器可以测量压力以及因压力所造成的伤害。冶金学家通过研究金属的破裂状况,能更加了解金属的结构,以便研究如何减少金属破裂的概率。

日本原子能研究所的研究人员还研制出了一种"聪明涂料",这种涂料初看和普通涂料没什么区别,但实际上涂料中掺入了钛酸铅粉末。将"聪明涂料"涂在金属板上,再敲击金属板使其振动,使涂膜中产生电流,据此信息研究人员可分析金属的疲劳程度。例如,将"聪明涂料"涂在飞机机翼上,然后经常测定涂膜中产生的电流,一旦发现异常电流,立即实施紧急精密检查,及时查明原因,便可排除事故隐患。

夺命自由基

匈牙利诗人裴多菲曾经写过一首很有名的诗歌《自由与爱情》,诗中写道:生命诚可贵,爱情价更高,若为自由故,两者皆可抛。有趣的是，在我们的身体内有许多自由基，若不对它们加以控制，它们就可能危及我们的生命，成为夺命自由基。自由基为什么这么厉害呢？因为它是引发许多疾病和加速衰老的催化剂。

那么，什么是自由基呢？我们知道，所有的化学物质都是由原子和分子组成；通常，所有的原子或分子中的电子要成对才能保持稳定。如果这些原子、分子有一个或多个不成对电子时，它们就只得靠夺取别的化学物质的电子来保持稳定，所以它们的化学性质特别活泼，容易和别的化学物质发生化学反应，甚至是一连串的反应，因此被称为"自由基"。

为什么自由基会引发一连串的反应呢？这是因为自由基掠夺了别的分子中的电子后，那些分子因为缺乏电子而成为新的自由基，这个新的自由基又会去找另外的分子掠夺电子，这样的反应像链子一样不断地"传染"下去，使得破坏的后果越来越严重。如果这样的反应没有相应的控制系统，它就可能摧毁正常的有机体，包括人类的生命。好在人体内有适当的免疫系统和抗氧化剂可以中和自由基，中止链式反应。随着年龄的增长，人体抵抗自由基的能力逐步降低，人体就变得越来越脆弱。

自由基的罪状，真是罄竹难书。医学研究指出，自由基可以引发100多种疾病，其中包括我们常见的动脉硬化、中风、心脏病、白内障、糖尿病、癌症等。自由基之所以对人体有害，是因为它具有活泼的化学特性，会和体细胞中的有机物质发生一连串的反应，使得体内过氧化合物大量堆积，让细胞失去正常的生理功能，从而导致疾病的产生。

由于人体是由各样不同功能的细胞组成，因而自由基对不同细胞的损伤可导致表面看起来毫无关联的疾病的产生。自由基可以摧毁细胞膜，导致细胞膜发生变性，使得细胞不能从外部吸收营养,也排泄不出细胞内部的代谢废物,并丧失了对细菌和病毒的抵御能力。

自由基还能激活人体免疫系统,使人体表现出过敏反应,如过敏性鼻炎、过敏性哮喘、过敏性皮炎、花粉过敏、食物过敏等。自由基还能作用于人体内分泌系统,导致胶原蛋白酶和弹性硬蛋白酶的释放,这些酶作用于皮肤中的胶原蛋白和弹性硬蛋白,并使它们产生过度交联并降解,结果使皮肤失去弹性,出现皱纹及囊泡。

自由基甚至会破坏细胞内的DNA,加速人体的衰老,并导致癌症的发生。科学研究表明,人类的潜在寿命大多在百岁以上。然而,很少有人能活到其潜在的最长寿命,人们总是因各种疾病而早亡,这些疾病许多可称为"自由基"疾病。所以,目前不少医药公司正在努力开发抑制自由基的药物,这些药物的经济效益也将是很可观的。

自由基如此可怕,但每个人的身体内都免不了会产生自由基,因为人体要新陈代谢,就需要由氧化反应产生的能量,这些氧化反应就是自由基的重要来源。人体运动时需要更多的能量,机体对氧的摄取和消耗都会增加,体内自由基也将成比例增加。人类在极端不良情绪下,如愤怒、紧张、恐惧等,也会产生自由基。另外,一些外来因素,如紫外线、X射线、电磁波、致癌物质、酒精、一些药物和污染物质等,也会导致自由基的产生。

人体有一套抗氧化的

激素系统可以消除自由基,借助充足的营养,可以维持这套系统的正常运转。这些营养被称为"抗氧化维生素",其中包括 β-胡萝卜素、维生素 C、维生素 E 和维生素 B_2。番茄红素是国际上最新发现的一种更强有力的抗氧化剂。它跟 β-胡萝卜素一样,属胡萝卜素类物质,在大多数水果和蔬菜中可以找到,是一种天然的生物色素。由于它具有独特的化学结构,所以可以消除自由基。另外,摄入适量的硒、锌、铜、锰、铁等微量元素对对抗身体内多余的自由基也大有帮助。一些可靠的医药公司生产的抗氧化药物对消除自由基也有好处。

当然,自由基也并非完全无用,当人体被病毒侵入后,在白细胞的表面就会产生自由基,这些自由基可以作为一种强氧化剂来杀死病毒。所以,自由基作为人体自然免疫系统的一部分发挥着有益的作用。长期滥用抗氧化剂可能有损自由基的正面作用。因此,补充抗氧化物质前要了解体内的抗氧化状态,所用的剂量要适度,最好在医生的指导下服用。

地壳中的稀有之土

在 2008 年度国家科学技术奖励大会上,来自北京大学的徐光宪院士获得了国家最高科学技术奖,他因为在稀土材料研究方面的卓著成绩而获得该奖。在我们普通人的头脑中,偶尔会听到稀土这个词,但在实际生活中,似乎与稀土"亲密接触"的机会并不多。稀土究竟有什么神奇的"魔力",可以让它们的研究者获得国家最高科学技术奖？事实上，稀土离我们并不遥远，在我们常用的一些电器中，就能找到稀土的身影。

稀土指的不是某一种矿物，而是一类稀有的矿物。稀土元素包括17种，它们分别是镧、铈、镨、钕、钷、钐、铕、钆、铽、镝、钬、铒、铥、镱、镥、钪、钇，其中只有钷是放射性元素。早在1787年，化学家就相继发现了若干种稀土元素，相应的矿物发现却很少，因此把这些物质叫"稀土"。当然，稀土元素的稀有性是相对的。近年来的地质勘察结果表明，稀土元素在地壳中的储量相当丰富，例如，铈的储量高于钴，钇的储量高于铅，镥和铥的储量与锑、汞、银相当。

由于稀土元素通常在地壳中聚集出现，而它们的物理性质、化学性质比较接近，对它们进行分离非常困难。因此，稀土元素的提纯是化学研究中一个巨大的难点。从1794年芬兰人加多林分离出钇，到1947年美国人马林斯基等人制得钷，17种稀土元素的完全提纯经历了150多年。徐光宪院士的重要贡献也是在稀土提取领域，他提出了串级萃取理论，把中国稀土萃取分离工艺提高到国际先进水平。

中国拥有丰富的稀土矿产资源，探明的储量居世界之首，为发展中国稀土工业提供了坚实的基础。世界上已经发现的稀土矿物约有250种，但是具有工业价值的稀土矿物只有50～60种，目前具有开采价值的仅10种左右。世界稀土资源拥有国除中国外，还有美国、俄罗斯、加拿大、澳大利亚等国。

我们每天都会与稀土材料打交道，因为我们日常使用的电子计算机和电视机就含有稀土材料。由于稀土元素具有特殊的电子层结构，可以将吸收到的能量转换为光的形式发出，所以可用稀土元素来制造电器显像管中的荧光粉。显像管中的荧光粉含稀土元素钇和铕，这种荧光粉的使用效果，远远比以前使用的非稀土硫化物红色荧光粉要好。目前,各种稀土荧光粉的用途颇广,如雷达显像管、荧光灯、高压水银灯等。

稀土氧化物可以用于制造特种玻璃。比如,含稀土元素镧的玻璃是一种具有优良光学性质的玻璃,这种玻璃具有高的折射率、低的色散和良好的化学稳定性,可用于制造高级照相机的镜头和潜望镜的镜头。稀土氧化物还可以用于制造彩色玻璃,加入稀土元素钕可使玻璃变成酒红色,加入稀土元素镨可使玻璃变成绿色,加入稀土元素铒可使玻璃变成粉红色。这些彩色玻璃色泽变幻莫测,非常适合制造装饰品。

稀土元素在保障我们的健康方面也起到重要作用。稀土化合物可以用于止血,而且止血作用迅速而持久,可持续一天左右。稀土药物对皮肤炎、过敏性皮肤炎、牙龈炎、鼻炎和静脉炎等多种炎症都有不错的疗效,比如使用含铈盐的稀土药物能使烧伤患者创面炎症减轻,加速愈合。稀土元素的抗癌作用更是引起了人们的普遍关注,稀土元素除了可以清除机体内的有害自由基外,还可使癌细胞内的钙调蛋白水平下降,抑癌基因的水平上升。

除了以上三种用途外,稀土元素在我们生活中的用途还十分广泛。只要在一些传统产品中加入适量的稀土元素,就会产生一些神奇的效果。目前,稀土已广泛应用于冶金、石油、化工、轻纺、医药、农业等数十个行业。比如,稀土钢的耐磨性、耐磨蚀性和韧性显著提高;稀土铝盘条在缩小铝线细度的同时可提高强度和导电率;将稀土农药喷洒在果树上,既能消灭病虫害,又能提高挂果率;稀土复合肥既能改善土壤结构,又能提高农产品产量;稀土石油裂化催化剂用于炼油业,可使汽油等轻质油的产出效率提高许多倍。

大马士革宝刀之谜

正如现代人都希望拥有名牌产品一样,古代的欧洲有一种刀是人人想要得到的,那就是在叙利亚首都大马士革生产的大马士革刀。西欧人是 1 000 年以前在穆斯林战士的手中第一次看见这种刀的。现在你可以在大多数大型博物馆的武器甲胄部看到有大马士革刀挂在那里。

大马士革刀之珍贵在其强度和锋利程度。据说这种刀之所以出名是因为它们能够在纱巾飘落途中把它一挥两段,而欧洲的刀剑就做不到这一点。大马士革刀还以其美观的外表而闻名:刀身表面有一种波形花纹,看上去有点像木头的纹理,有时候这种波形花纹还会横贯刀剑形成线条,就像梯子的一条条横档一样,有时这些波纹又会构成旋涡,称为玫瑰花形图案。

大马士革刀不仅锋利美观,而且它的制造工艺还是一个谜。从中世纪到现在,欧洲最好的工匠始终造不出这样的刀剑,不管他们怎样仔细研究东方造的这种宝刀也没有用。大马士革刀的制造工艺已经失传,现存最晚的大马士革刀是在 19 世纪初期制造的,这就使这种宝刀变得更加神秘。

多年以来,冶金学家们设想了各种各样的制造这种宝刀的方法,但在试验这些方法时,造出来的刀剑没有一种能比得上博物馆里的大马士革刀,令人们伤透脑筋。即便是到了科学和技术高度发展的今天,人们还是没有弄清楚这种刀是怎样造出来的。秘密究竟在哪

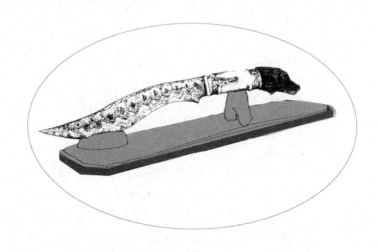

里呢?

　　维霍文是一位冶金学家,他在美国艾奥瓦州立大学教授金属学。他认识了佛罗里达州的一位制刀匠彭德雷后,为解开大马士革刀之谜两人开始合作。一开始,他们把科学杂志中已经发表的制造大马士革刀的方法全部试了一遍,但是,始终造不出与古代的大马士革刀一样的刀剑。于是他们就决定从头开始,一步一步地追踪古代制造大马士革刀的过程,看是否能搞清楚那时的工匠是怎么做的。

　　要把钢饼制成刀,工匠们必须通过反复加热锻打,把它拉长弄平,做成刀的形状。在加热和锻打的过程中,不知怎么在刀身上就会出现波形花纹。维霍文和彭德雷在研制大马士革刀的过程中面临的主要问题之一就是要在刀身上做出一模一样的花纹。而要做到这一点,必须使刀剑的内部结构也与大马士革刀一模一样。在钢里面,一些碳分子与铁结合,形成一种新的渗碳体。这些渗碳体粒子周围包有一圈接近于纯铁的金属。著名的大马士革刀的花纹正是由这些渗碳体的排列分布而形成的。

　　有趣的是,渗碳体的微粒在大马士革刀表面不是任意分布的。

如果你把刀剑锯开,在显微镜下观察切面的话,你就会看见渗碳体微粒是排列成一行行的,这叫作"带状排列"。正是这些渗碳体微粒带形成了大马士革刀表面上的花纹。在普通的碳素钢里,铁和碳以外的元素都是杂质。把钢放在坩埚里烧,最后得到的钢很可能会含有少量来自铁矿石或是坩埚壁的各种各样的杂质。很可能制作大马士革刀的钢材里含有某种独特的杂质才导致了花纹的出现。

但是,制作大马士革刀用的钢里含的是什么杂质呢?在过去的100年里,科学家们分析了10把大马士革刀的成分,这些分析表明,制成大马士革刀的伍兹钢含有少量的4种杂质元素:硫、磷、硅和锰。那么,人们既然知道了这种钢的构成成分和制造工艺,为什么就不能重新造出大马士革刀呢?维霍文和彭德雷猜想,可能钢里还有另外一些杂质元素被人们忽略了。这些杂质的含量可能极为微小,以至于测不出来。

真正的大马士革刀被认为是无价之宝,大马士革刀的拥有者不会允许冶金学家们对它们进行破坏性分析。因此,当瑞士的一家博物馆不久前送了几小块真正的大马士革刀碎片给维霍文和彭德雷进行研究时,他们欣喜若狂。他们发现,每一块真正的大马士革刀的碎片都含有少量的钒,这一点与他们的发现完全符合,也就是说,钒是制造大马士革钢的关键成分。

关于大马士革钢还有一些问题没有完全弄清楚。比如说,为什么钒能使渗碳体微粒排列成行,而其他杂质元素却起不到这种作用?维霍文和彭德雷揭开的谜底也回答了一个有趣的历史问题:为什么制造大马士革刀的技艺会失传?答案可能是:只有印度的某些铁矿含有所需要的杂质元素。当这些矿藏用完之后,工匠们开始使用别处来的钢材。由于这些钢材里没有那些神秘的成分,其魔力也就消失了。

化学新发现

huaxuexinfaxian

生物化学中的"灰姑娘"

《格林童话》中有一个灰姑娘的故事,化学研究中也有不少物质是"灰姑娘",其中的代表是糖。糖是组成生命的基本物质之一,然而糖类的研究一度被人遗忘,只有少数科学家在苦苦探索着糖类的奥秘。随着蛋白质和核酸(主要是基因的研究)中更多的奥秘被人类知晓,糖类的重要性也浮出水面,成了生物化学研究的"甜蜜之点",糖类研究这个"灰姑娘"等来了迎接它走向辉煌的马车。科学家认为,糖类的研究将像一个人见人爱的"甜苹果"一样,获得更多科学家的青睐,成为生命科学研究中的新热点。

说起糖,大家都不会觉得陌生,各式各样的糖果是我们小时候最喜欢的美味。糖分子一般是由碳原子、氢原子和氧原子组成的化合物,所以也叫"碳水化合物"。糖和核酸、蛋白质一起是组成生物体的三大要素。我们通常所吃的葡萄糖的分子是有 6 个碳原子的有机化合物,我们所吃的蔗糖的分子则有 12 个碳原子,而我们身体内的糖分子则是由数以千计的碳原子、氢原子和氧原子组成的长链,通常称之为"糖链"。

长期以来,碳水化合物是生物化学研究中最缺少魅力的领域。一些科学家认为,糖只是存储能量,形成诸如植物细胞壁结构等。直到 20 世纪 90 年代,人们在纷纷涉足了基因工程、蛋白质工程等领域并取得了初步成果之后,才惊奇地发现原来糖类也是一个有待开发的巨大宝库,糖分子链中所包含的生命信息是核酸的上千倍。现在

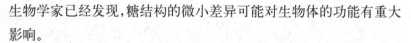

生物学家已经发现,糖结构的微小差异可能对生物体的功能有重大影响。

科学家把研究生物体内多糖的科学叫作"糖生物学",也有人沿袭"基因组学"和"蛋白质组学"的概念,把这门学科叫作"糖原组学"。将糖生物学推向生命科学前沿的重大事件发生于 1990 年。有 3 家实验室几乎同时发现血管内的 E- 选凝素,这一位于内皮细胞表面的分子能识别白细胞表面的多糖。当组织受到损伤时,白细胞通过 E- 选凝素黏附到血管壁,并沿壁滚动,最终穿过血管壁,进入受损组织,以便杀灭入侵的异物。然而,过多白细胞的进入则可能导致炎症的产生。

这一发现首次阐明了炎症过程有糖类和相关的糖结合蛋白参与。更令人吃惊的是,进入血液循环系统的癌细胞可能借助了类似于上述的机制穿过血管,进而导致癌症的转移。紧接着又出现了以这一基础研究的成果为依据开发和生产消炎、抗癌药物的热潮。

早在 1989 年,日本就创刊了《糖科学与糖工程动态》杂志。同年,日本政府科学技术厅提出了"糖工程前沿计划",总投资百亿日元。美国能源部于 1986 年资助佐治亚大学创建了复合糖类研究中心,建立复合糖类数据库,相关的计算机计划也称为"糖库计划"。欧洲也不甘落后,展开了一项"欧洲糖类研究开发网络"计划。其目的是促进欧洲各国的糖类研究和开发,以强化欧洲在糖类基础研究以及将研究成果转化为商品方面与美国、日本的竞争能力。

由于美、日、欧三方的重视,近年来在糖类研究方面已取得不少进展。在此基础上,新兴的糖生物学正处在蓬勃发展的初期阶段。糖生物学涉及生物和化学领域内的许多学科,如生物化学、分子生物学、细胞生物学、病理学、免疫学、神经生物学等。糖生物学研究的发展又推动了这些学科的快速前进。21世纪生命科学的研究焦点是对多细胞生物的高层次生命现象的解释,因此,对生物体内细胞识别和调控过程的信息分子——糖类的研究是必不可缺的。

尽管"灰姑娘"的马车已经来了,但是糖类这个"灰姑娘"的故事还没有完结,它的"姐妹"(蛋白质、DNA等)还要争夺那失落的水晶鞋。"灰姑娘"还要经过一些磨难,或许需要更多的科学家参与进去,才能让糖这个"灰姑娘"展示其亮丽的面貌,并为人们所广泛接受。

观看生物大分子的立体影像

我们都喜欢看立体电影。在上海世博会期间,不少排队长的场馆有立体电影可以观看。其实,一些科学家也喜欢看立体电影,不过他们的兴趣点和我们普通人不太一样,他们喜欢看的是科学研究领域内的立体电影。比如,一些生物化学家就喜欢观看生物大分子的立体影像。而且,他们也不是为了娱乐而观看,而是为了弄清楚这些生物大分子的科学机理。

生物大分子也称"生物高分子",是生物体内的一些组织结构复杂的大分子,如蛋白质、核酸、多糖等。生物大分子是生命活动的主要物质基础,所以,"看清"生物大分子的真面目就显得尤为重要了。只有认清了生物大分子的真面目,我们才能了解它们的生物功能,理解生物的正常生理和疾病发生的机制,研制出保健和抵抗疾病的良药。

生物大分子结构和功能的研究是生物化学的重要课题。大量实验表明,生物大分子的功能不但与它的化学组成元素有关,而且与它的立体结构有关。要了解酶的催化机理,要懂得基因表达调控中的分子相互作用,要认识肌肉的收缩以及免疫机制,无一不要从生物大分子空间结构的角度去了解。

观看生物大分子的立体影像也需要专业的工具,目前主要采用的研究方法有 X 射线单晶衍射分析、生物核磁共振技术、扫描隧道显微技术和原子力显微技术,以及计算机和资料分析技术等。

测定生物大分子的晶体结构,可选用单晶衍射法。以测定蛋白质结构为例,首先要培养出足够大(约 1 毫米长)的蛋白质单晶。X射线单晶衍射分析迄今仍然是蛋白质和核酸空间结构测定的主要方法。正是由于这种技术的应用促进了分子生物学的建立和发展。X射线单晶衍射法面临的困难仍有许多,其中最困难的一步就是获得好的晶体。

核磁共振技术是生物化学研究中非常重要的分析手段。由于核磁共振技术不会对脆弱的生物大分子造成破坏,用核磁共振技术研究生物大分子的立体结构受到广泛的重视。在 20 世纪 80 年代维特里希发明生物核磁共振技术以前,X 射线单晶衍射分析是唯一一种能对生物大分子的结构进行分析的方法。

2002 年的诺贝尔化学奖授予三位在分析生物大分子的组成和结构方面有突出贡献的科学家。生物大分子立体结构测定方法的建立和发展,直接促进了分子生物学的建立及发展,并衍生了一些边缘学科。终有一天,生物大分子的立体结构被人们较为清楚地"看到",那时,人类将对生命的奥秘有更深的了解,甚至像癌症这样的不治之症也变得容易对付了。

荧光蛋白擦亮人们的眼睛

在黑暗的深海中,常常可以看到一些通体透明而且会发光的生物。有科学家把发光水母中的绿色荧光蛋白质基因提取出来,把它转移到其他生物的体内,让原本不发光的生物体也能发光了。上述研究成果让三位科学家获得了 2008 年诺贝尔化学奖,他们分别是美国科学家下村修、马丁·查尔菲和钱永健。转基因荧光生物不仅仅是为了让人们能够拥有奇特的宠物,而是为了研究生物体的组织和细胞如何工作的,是生物化学领域内的重要研究方向,对揭示生命的奥秘、开发环境保护新方法、研究疾病的机理和开发新药等都有重要的意义。

某些大分子有机化合物,比如蛋白质,在受到某种射线的照射时,会发出一种可见光,这种光就叫"荧光"。什么是荧光蛋白呢?就是在阳光中的紫外线的照射下能发出荧光的蛋白质,其中最早发现而且应用最广的是绿色荧光蛋白。绿色荧光蛋白是由 238 个氨基酸组成,是从生活在北太平洋寒冷水域的维多利亚多管发光水母中分离出来的一种蛋白质。绿色荧光蛋白在室内灯光下呈黄色,但是当被拿到室外的阳光下时,它会发出绿光。这种蛋白质从阳光中吸收紫外光,然后以能量较低的绿光形式发射出来。

绿色荧光蛋白最初是由美籍日裔科学家下村修和美国科学家约翰逊发现的。1962 年,下村修正在进行从水母提取水母素的研究。有天下班要回家了,他把产物倒进水池里,临出门前关灯后,回头看一眼水池,发现水池闪闪发光。因为养鱼缸的水也流到同一水池,他

怀疑是鱼缸排出的成分影响水母素。第二天，下村修和他的同事约翰逊确认导致水池发光的是另外一种物质。这种物质在阳光下呈绿色、钨丝灯下呈黄色、紫外光下呈现明亮的绿色，这就是具有重要意义的绿色荧光蛋白。

　　下村修本人对绿色荧光蛋白的应用前景不敏感，也未意识到应用的重要性。1985年，他的同事道格拉斯·普雷瑟根据蛋白质序列拿到了水母素的基因。1992年，普雷瑟克隆并测定了水母中绿色荧光蛋白的基因。1994年，查尔菲培育转基因荧光生物获得成功，他培育的转基因大肠杆菌和线虫细胞内发出了美妙的绿色荧光。此后，荧光蛋白才在生物学研究中得以推广，许多研究人员利用荧光蛋白进行生物机理的研究，目前这也是生物化学实验的常规方法之一。1994年，钱永健开始改造荧光蛋白，培育出黄色、蓝色、绿色、红色等多种颜色的荧光蛋白。世界上目前使用的荧光蛋白大多是钱永健实验室改造后的变种。钱永健还开发了检测荧光蛋白的荧光探针技术。

　　现在，绿色荧光蛋白在医学研究中得到了广泛的应用，它能够使人们直接看到细胞内部的运动情况。在任何指定的时间，研究人员都可以轻易地找出绿色荧光蛋白在哪儿：只需用紫外光去照射，所有的绿色荧光蛋白都将发出鲜艳的绿色。绿色荧光蛋白特别突出的应用是在癌症研究的过程中,用荧光蛋白对肿瘤细胞标记使得科学家们能够观测到肿瘤细胞的蔓延过程。这些研究可以帮助科学家找到治疗癌症、艾滋病等疾病的新方法。

绿色荧光蛋白还可以应用于军事和环保领域,例如,通过观察海洋发光动物的突然爆发,用来判别水下的军事设施。美国一些环境科学家还利用转基因荧光斑马鱼来检测水质,在不同的水质情况下,斑马鱼的荧光强度是不一样的,科学家通过分析这些荧光,可以获知水域是否受到污染和受到污染的程度。由于荧光斑马鱼对水中的矿物质也具有一定的敏感性,通过设定不同的参数,科学家还可以用荧光来检测某地饮用水源中矿物质含量的多少。

钱永健发明的荧光探针技术不仅可用于生物医学领域,在其他领域也有极为重要的意义,如环境污染的实时监控、食品安全等。应该说这些看似深奥的研究工作与普通老百姓的日常生活息息相关,比如说,如果有一种便宜的荧光试剂或试纸,能快速、灵敏地检测出三聚氰胺;再比如,可以设计一种对某种糖类具有特殊识别性能的荧光探针,可以用来快速、方便地检测人体唾液中糖的含量,这样糖尿病患者就能很方便地控制自己的饮食。

新药是怎样制成的

走入药店,我们会发现品种数以千计的药物。然而,每种药物背后都有一段曲折的经历。有谁能想到,虽然数以千计的药物摆上了药架,但是更有数以万计研究出来的药物最终没能变成商品,许多药物化学家的努力就此付之东流。美国医药界的专家称,研发一种新药,通常需要 12 ~ 16 年的时间,平均费用高达 7 000 万美元。其他国家一种新药的研究时间和费用也不例外。

开发新药的正常程序分为以下几个阶段。第一个阶段为研究新药成分的阶段,需要 2 ~ 10 年的时间。要获得一种合适的新药很困难,研究新药成分的成功率也只有 1%~ 2%。接下来进入临床动物测试阶段,也只有 12% 的新药能够通过动物测试。动物实验获得成功后,才开始人体实验,选取若干健康的志愿者进行测试。人体测试一般至少分三个阶段,选取志愿者的人数由几十个逐步扩大到千名以上。人体测试一般需要好几年的跟踪研究,只有获得 65% 以上的成功率后,才能送给官方审批,有 95% 的新药可获得批准。

研发新药的失败率很高,平均研究成功一种新药需要研究 1 万多个不同的化学分子。要提高整个药物开发过程的效率,更加有效的方法是在药物研发的早期对创新技术的应用。通过这一方法,可以控制进入后续研究阶段的候选药物的质量,从而达到缩短整个开发过程时间的目的。在药物开发早期即去除掉那些没有发展前途的候选品种,无疑将有助于降低一直居高不下的新药淘汰率,也可以使制药企业将有限的资源集中投入最有希望获得成功的项目上。

怎样从大量的候选分子中筛选有用的药物? 这的确是个十分考验人的难题,一个药物化学家的技术水平首先体现在对候选化学分

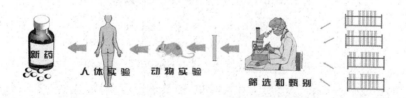

子的筛选和甄别上。目前比较流行的做法是先找出那些有可能最终成为药物的先导化合物的结构,然后在这些信息的基础上,设计和建立一个数据库。

药物化学家们则在进行化学合成和生物学实验之前,应用不同的计算机筛选程序,将那些不太可能成功的化合物提早淘汰掉。另外,科学家们还利用计算机程序来预测候选药物在体内吸收、分布、代谢、排泄及其毒副反应等特点,这样在进入临床实验之前,就可以将那些不合格的品种排除在外。

随着人类基因组图谱的完成和计算机技术的飞速发展,化学基因组学技术、计算机模拟技术和药物基因组学技术等几项新的技术在今后几年将用于药物开发,这些新技术有望缩短研究时间和降低研究成本。

许多新药研究虽然投入了大量的资金,却可能在进行过程中就宣告失败了。所以,研发新药算是一种高风险的生意。然而,高风险也意味着高回报,所以全球的投资者还是对开发药物保持着很大的兴趣,平均每年全球有 563 亿美元投入新药开发中。在所有的科学职业中,药物化学家的收入算是第一等的。

向月球土壤要氧气

在一些科幻小说中,小说家设想外星球由于缺乏大气,表面难以出现生命,如果有外星生命,也只能存在于外星的土壤中。现在,这样的科学幻想即将实现,美国科学家声称,未来人们可以利用外星土壤进行自如地呼吸,因为他们已经从火山灰中分解出氧气。

凭着现在的科技水平,人们上月球并非难事。美国曾提出一个宏伟目标,2015 年在月球表面建立常驻科学考察站。然而,要在月球上长期居住,并进行科学考察或者矿产开发就很难了,因为月球缺乏人们生存所需要的资源,其中的难题之一是人需要氧气,而月球上没有氧气。从地球运氧气上月球去,既花钱又没效率,因而不大可行。为此,美国国家航空和航天局在 2004 年专门为造氧设置了一笔单项奖,奖金为 25 万美元,鼓励科学家们创新,希望独辟蹊径,找到获取氧气的新途径。

这个项目以"MoonROx(月球风化层氧气)挑战"命名。竞赛规则很简单:参赛者必须研制出一种设备,其质量和功率符合一定标准。在地面实验测试时,以火山灰代替月球土壤,要在 8 小时内制取至少 5 千克氧气。谁能最先研制成功并现场示范运作,谁就能赢得大奖。

利用月球上的土壤、岩石制取氧气,听起来有点不可思议,但从理论上讲是完全可行的。火山岩和月岩主要由硅氧化物和其他矿物构成,通过化学反应应当可以从中分解出氧气。美国国家航空和航天局专家称,经过对月球上不同地方的土壤和紫外线反射水平进行研究,他们可以确定何处月球土壤中含有更多的氧元素。最终制造出月球造氧机,获得了 25 万美元奖金的是美国国家航空和航天局自己的化学专家。

美国国家航空和航天局曾计划于 2011 年将这种造氧机送上月球,一旦该机器在月球上通过测试,那么将为建立永久月球基地扫清最大的障碍。

这种"月球造氧机"是一个类似透镜的结构,可以聚焦太阳光,把月球表面沙土的温度加热到 2 500℃。在一次测试中,一个 3.6 米宽的圆碟将太阳光聚焦到了 100 克火山灰上,结果几小时后,原料的五分之一就被转换成了氧气。测试时,火山灰被保存在真空环境中,可以很好地测量所提取的氧气的质量。除了这一聚焦太阳光"榨取"月球氧气的方法外,科学家还设计了一些其他"月球造氧方法",包括将月球岩石熔化成液体,然后通电释放出氧气等。

有关科学家声称,如果这一造氧技术可行,那么月球上的造氧工厂将会非常庞大,它包括一个专门挖掘月球泥土的采矿厂,一个巨大的"月球造氧机器",该机器"吃"进的是泥土,"吐"出的将会是氧气。从月球上挖土将会比地球上更轻松,因为月球的重力比地球小得多。

美国国家航空和航天局的工程师艾里克·卡迪夫说:"有了月球造氧机,我们可以靠月球土地生活,而不需要浪费地球上的有限资源。通过该机器,我们可以呼吸到纯净的氧气,尽管其中还混有一些其他气体,但它们非常少,不会形成任何危险。"

火箭专家修复名画

2002 年的一天早晨,美国匹茨堡市安迪·沃霍尔博物馆的美术作品管理员艾伦·巴克斯特发现有人在馆内一幅名画《澡盆》上留下了一个涂有鲜红唇膏的完整唇印。巴克斯特以为也许将无法修复这幅名画了,使用一般的溶剂只会将唇膏溶解,并且让它更深地浸染到画布的下面,留下难看的擦不掉的红色污迹。

在当年的一次环境保护年会上,两位火箭科学家——布鲁斯·班克斯和沙龙·米勒发表演讲称,他俩开发的一种用在航天飞机外部检测材料的处理技术也可以用来修复变脏变暗的艺术作品。巴克斯特迫切地想更多地了解这种技术，但是她怀疑这种技术是否可行。许多其他的艺术品收藏家们也有同感，他们所收藏的名画由于日久天长的烟熏尘封或放在阴湿的地下室里多有毁损而急需修复。

　　班克斯和米勒声称的修复名画的方法是利用游离氧原子的氧化能力。在大气层中，氧元素绝大部分是以分子的形式存在，这就是我们熟知的氧气。而游离的氧原子在自然界里只是出现在大气层的边缘，在实验室控制的特殊条件下也能生成游离的氧原子。班克斯和米勒在实验室里使用一种低压舱来模拟大气层边缘的大气条件，然后将氧分子分解成氧原子，用来检测各种聚合物和保护涂层的耐久性。

　　有一天，班克斯所在的研究所附近的克利夫兰美术馆的管理员肯尼斯·比给研究所打电话，为除去从当地圣奥尔班斯教堂大火中抢救出来的两幅 19 世纪的油画上厚厚的烟灰层而寻求建议。班克斯和米勒建议说利用氧原子可能会完美地修复这些画，因为这些烟灰不过是些松松地附着在画面上的碳氢化合物，而其下面的画上的颜料都是些金属氧化物，它们都已经紧密地和氧原子结合在一起，不会进一步被氧化。他们推断说使用氧原子将无须对干燥而脆弱易损的油画布进行任何擦拭或触摸。

　　为了验证他们的理论，班克斯和米勒在克利夫兰消防队的训练基地着手进行大规模的燃烧试验，消防队员们帮助他们烧毁了用低廉的油画装饰的客厅。然后科学家们把这些烟熏火燎的试验样品放到了实验室的低压舱里，用氧原子来轰击它们。和预料的结果丝毫不差，氧原子和烟灰相结合，产生一氧化碳、二氧化碳和水蒸气，从而挥发掉了。班克斯和米勒还高兴地发现氧原子没有影响在油画布背面的用炭精笔作的记号。"用这种方法去清除污迹比人用眼睛看着去干要强得多。"米勒说,"氧原子会和它首先接触到的东西发生反应,如果某个污物的位置在犄角旮旯就有可能受影响。"

由于他们确信能够对操作过程完全进行控制,班克斯和米勒把圣奥尔班斯教堂的那两幅被大火熏得面目全非的油画放到了低压大气舱内。过了十多天,油画的本色开始显露出来了,逐渐出现了清晰的画面:一绺头发,纤细的弯弯的眉毛,衣袖上绣的花边,脖子上挂的念珠,最后出现了一幅完整的人物肖像。"这事可真够稀奇的。"圣奥尔班斯教堂的牧师鲍伯·维瓦神父说,"画的颜色比原先还要鲜艳夺目,几十年的尘灰污迹都随着烟炱去掉了。我们甚至能够看到火灾前所看不清的画中的细部,比如身上戴着的首饰以及玛丽·玛格达琳披肩的式样。"

班克斯和米勒所面临的修复受到红唇玷污的安迪·沃霍尔博物馆的油画是个更大的挑战。首先,《澡盆》这幅名画在市场上的标价为几十万美元。尽管有了修复圣奥尔班斯教堂油画的成功先例,管理员艾伦·巴克斯特对于把如此名贵的画放入低压舱仍然感到不大情愿,担心这幅画在里面因为与原来不同的压力和湿度而有产生变化的危险。于是班克斯和米勒提出亲自到安迪·沃霍尔博物馆去,用一种手提的仪器有选择地对名画某些部位使用氧原子进行修复工作,而巴克斯特则躲到一旁踱步观望。几小时过去,唇印变得越来越小,到天快黑的时候,它消失得无影无踪了。"我们都欣喜若狂了。"巴克斯特说,"我们原来以为这幅画再也不能面向公众展览了。这个试验的成功真叫人欢欣鼓舞。"

成功鼓舞着班克斯和米勒大胆地进行更加脱离常轨的冒险。他们现在正在实施的试验是看氧原子能否除去古埃及墓画上长期以来蜡烛火焰所造成的根深蒂固的烟炱。他们已经在一幅最著名的被火灾所损坏的油画——莫奈的一幅 1958 年在纽约美术馆展览时烧焦的《水莲》的一小块残片上进行试验。尽管氧原子继续不断地产生着令人惊叹的奇迹，但只有在没有其他选择的情况下，美术作品管理员们才会把他们保管的那些艺术大师珍贵的杰作拿给科学家们用新的工艺去进行修复。

赛场上的缉毒战

现代奥运会的口号是"更高、更快、更强"，这个口号激励了世界各国的人们不断强身健体。然而，体育锦标背后也潜藏着巨大的利益，一些违背了奥运精神的运动员为了获得非法利益，不惜铤而走险，服用运动赛场上的违规"毒品"——兴奋剂。

当记者乔安娜找到安静文雅的塔尼娅时，简直有些不相信她已经和数百个运动员的尿液打过交道了。塔尼娅是从2004年的雅典奥运会开始兴奋剂检测工作的。她说："兴奋剂不是现代运动教练的新发明，它的历史其实可以追溯到2 000多年前。兴奋剂最早出现在非洲土著的宗教仪式上，后来被一个欧洲探险家带回欧洲。公元前3世纪的一次古代奥运会上，一位运动员在赛前服用了一种能够让人进入迷幻状态的毒蘑菇，在比赛前他就显得与其他运动员不同，只见他红光满面、兴奋无比。当裁判一声令下，这位服用了毒蘑菇的运动员就率先冲出跑道，而且越跑越快，直到终点也没有疲劳的感觉，结果他获得了这个项目的金牌。"

1865年，有报纸首次报道了荷兰游泳运动员在横渡海峡的比赛中服用了兴奋剂。1886年在法国600公里自行车比赛中，一名运动员因服用过量兴奋剂而死亡,这是世界上第一位因为服用兴奋剂而死的运动员。大约100年前的现代奥运会中,鸦片提取物曾经被用于赛马,后来被禁止。在1904年美国圣路易斯奥运会上,当时美国马拉松运动员托马斯·西柯斯依靠赛前饮用掺有砷和生鸡蛋的白兰地在比赛中夺取胜利,并获得金牌。这也是奥运会历史上第一位有案可查的服药选手。

第二次世界大战时,德国为了让士兵能够承受反复转移与昼夜作战的生理负荷,曾命令士兵服用兴奋剂。第二次世界大战后,兴奋剂开始广泛应用于竞技体育运动中。20世纪40年代末50年代初,人工合成的化学药物苯丙胺成为运动员选择的目标,是当时滥用最多的一种兴奋剂。1960年罗马奥运会100公里自行车比赛中,丹麦运动员詹森因服用过量苯丙胺和烟酸醇的混合物而猝死。1967年环法自行车赛上,英国杰出自行车运动员辛普森也因服用过量苯丙胺而死于比赛中。

在巨大利益和名誉的诱惑下,运动员们互相效仿,滥用药物之风愈演愈烈。塔尼娅说:"兴奋剂问题虽然早就暴露出来,但是直到50年前才引起官方的重视。在1964年东京奥运会过后,国际奥委会的官员们发现满地都是运动员用过的注射针头,那时他们才痛下决心对付兴奋剂。"在1968年的墨西哥奥运会上,国际奥委会第一次实行兴奋剂检查,结果

发现两起违规事件。在那些需要力量和耐力的运动项目中,被查处使用兴奋剂的运动员最多,滥用兴奋剂最严重的项目依次为自行车、田径、举重、游泳。

兴奋剂被称为竞技体育中的"恶性肿瘤",多年来困扰着国际体坛,屡禁不止。2007年10月9日,那时最大的兴奋剂丑闻有了结果,有"女飞人"之称的美国女子短跑名将琼斯因服用兴奋剂,交出了她在2000年悉尼奥运会上夺得的3金2铜共5枚奖牌。她还因此被禁赛两年。当然,像琼斯等服用兴奋剂的运动员不会跳出来"自首",都得靠兴奋剂检测机构的严格检查。

兴奋剂检测有尿样检查和血液检查两种取样方式。自国际奥委会在奥运会上首次试行兴奋剂检查以来,国际上一直采用的是尿检。直到1989年,国际滑雪联合会才在世界滑雪锦标赛上首次进行血检。迄今为止,尿检仍是主要方式,而血检只是作为一种辅助手段,用来对付那些在尿样中难于检测的违禁物质和违禁方法。

塔尼娅的实验室里粘贴着一些运动明星的照片,塔尼娅指着篮球明星乔丹的挂像说:"瞧他多健康,一些长期服用兴奋剂的运动员我们从外貌上就可以观察出来。比如,一些女运动员服用类固醇类药物后,就会出现长胡须、声音变粗、脱发等男性的特征。而男运动员服用类固醇药物后,体内雌性激素分泌水平超过雄性激素,一些男运动员乳房发育起来了,特别搞笑。一些滥用生长激素的运动员的手脚会变得很肥大,牙根也会暴露出来,就像魔幻片中的怪人。"

乔安娜参观了兴奋剂检测中心的尿检室,发现尿检室四面都有镜子。塔尼娅说:"这些镜子让运动员的一举一动都暴露出来,想作弊也不可能。"为了保证清白,运动员取样之后自行领取尿检瓶,检测人员不能接触那些取样用具。塔尼娅指着一大摞检测材料对乔安娜说:"随着科学技术的发展,不少运动教练找科学家秘密研制新的兴奋剂药物,这样我们用传统的方法就不能查找出来了。其实,国际体育仲裁法庭和世界反兴奋剂机构都有自己的研究团队,一些新兴奋剂出现不久,我们就能够发现。那些存在侥幸心理的运动员和他们的教练最终不得不吞下身败名裂的苦果。"

变色衣能隐形

变色龙有着神奇的变色功能,它能通过改变颜色的方法让自身隐藏在周围环境中。科学家一直在模仿变色龙制造迷彩服。2006年,美国科学家研制成功一种可像变色龙一样快速改变颜色的衣服,穿衣者只要启动控制器,就能让这种衣服的颜色变得和周边环境一样。

发明变色衣的是美国康涅狄格大学聚合体和有机化学教授格里高利·索特辛。科学家一直企图制造变色高分子材料,以前有科学家制造出这种材料,不过硬度很高,只能用于制造玻璃、建筑物外墙等,还无法用于纺织衣服。索特辛的新突破是制造出柔性变色高分子材料,可用常规方法织成纤维。

制作变色衣的原料是一种叫作"电致变色聚合物"的高科技纺织材料,它是一种会随电流改变色彩的聚合物。变色纤维之所以能变色,是因为其中有不少传感器,能够感受到周围环境的颜色,然后指挥材料中的电子排列发生改变,吸收特定波长的光线,从而改变衣服显示出来的颜色。到目前为止,索特辛已能把橙色或红色的纤维转变为蓝色。他下一步是要创造能由红色或绿色转为白色的纤维。

　　研究人员还希望变色材料能主动发光,这样就可以把衣料变成显示器。他希望能把变色纤维编织成十字形衣料,每个十字点里有微型集成电路,通电后可以发光,所有的十字点集合起来就是一台柔软的显示器。这种显示器在受到挤压的时候不会变形。穿上以这种纤维制成的变色衣服,人就能根据自己的心情,启动一个微型控制器,调整服装的颜色。

　　"隐身"一直以来都存在于人类的想象中,它经常出现在神话和科幻故事中。变色衣的出现,预示着人类"隐身"的梦想正一步步逼近现实。这种变色纤维还可以用来编织窗帘,挂上这种窗帘在窗户上,把它变成墙壁的颜色,可以让你感觉不到窗户的存在,让房间的整体感更强。

　　变色纺织材料除了用于"隐身"外,还可以有其他用途。英国一个名叫克里斯·艾贝泽的年轻爸爸耗费6年时间,开发出了一种可以为婴儿测体温的变色衣服。这种衣服的布料是由热敏感材料制成的。婴儿可贴身穿上这种有色彩的衣服,如果体温超过正常范围,衣服的颜色就会退去,变成醒目的灰白色,就如同我们平时生病了的面色。没有经验的年轻父母可看衣色行事,及时掌握婴儿的身体状况。

霓裳也飘香

　　人类使用香料、香精、香水的历史已很久了。清新、高雅的香气能使人魅力顿生,令人心旷神怡。现在,一些研究人员正在设计一些能散发香味的衣服。在不久的将来,人们到商店购买衣服时会有新的选择,即闻闻衣服会发出什么香味。

让布料散发香味不难,难的是如何让布料长久保持香味。将香水洒在衣服、皮肤上,香味一般只能保持数小时,还得忍受酒精的刺激引起的痛苦、不快。此外,酒精还可能损坏衣服色泽。于是,研究人员摒弃了化学溶剂,而使用纳米技术、电子技术等高科技手段来储存香味,让衣服的香味长期不散。

英国服装设计师詹妮最近研制出了一种香味服装。她在设计服装时,在布料中植入了数十根由电子传感器控制的微型管子,管子里装着从天然花草植物中提取的纯天然香料。穿着时,衣服的电子传感器还能监测到人体状况的变化,并随之散发不同的香味。比如,当穿戴者紧张时,受到惊吓时,或心跳加速时,它就会散发能起镇定作用的香味——乳香。闻到这种香味的人一下就能消除恐慌和紧张,恢复平静。在伤感时,这种衣服能释放橙花油气味,以降低血压,让人渐渐平静下来。如果穿上这种衣服去参加晚会,它独有的香气会令人魅力倍增,成为晚会上的焦点人物。

韩国一家服装公司开发了一种具有薰衣草香味的便服和礼服。这种服装很奇特,越是热闹场合,香味服装越显其奥妙,当人们在穿脱这种衣服时或在人多拥挤时,如在地铁、公交车、影剧院、舞厅等地方,衣料上的香味便会弥漫开来,香飘四逸,令人心旷神怡。一套具有薰衣草香味的套装售价300～500美元,经20次干洗香味仍存。

这种服装上的香味是怎么来的?为什么会保留那么久呢?原来是一种叫作"香料纳米胶囊"的东西在起作用。在印花浆中加入香料纳米胶囊,就可印制出有香味的印花布。这不仅使人在视觉上获得美的享受,而且在嗅觉上得到愉快的满足。除了薰衣草香味外,该公司还在开发具有各种天然的花香和果香的纳米胶囊。这种产品开始只限于印花布上使用,由于深受消费者欢迎,逐渐发展到服装、床单、手帕、袜子、围巾等多种纺织品上使用。

来自植物的食盐

我们都知道,食盐对人体很重要,因为食盐不仅仅能调味,食盐中含有的钠离子对维持人体的细胞渗透压、血压平衡十分重要。我们吃食盐少了,会感觉体乏,血压低;但是食盐也不可多吃,否则会致高血压。此外,添加到食盐中的碘元素还可以预防甲状腺疾病。

我们日常吃的盐来自海水或者盐井。2008年,韩国研究人员开发了一个新的食盐来源,那就是一些生长在含盐量高的土壤中的植物。韩国全北大学生物食品研究中心的研究人员利用天然植物盐角草,成功提取出"100%植物盐",并实现了商用化,为植物保健品领域增添了一个新的产品。

能够在盐碱地里生长的植物被称为"盐生植物"。它们都有一系列适应盐碱生态环境的生理特性,如体瘦而硬,叶不发达,蒸腾表面积缩小,气孔下陷,表皮细胞的外壁厚,还常具有灰白色绒毛,以减少水分蒸腾。叶的结构向着提高光合作用效能方面发展,叶肉中栅栏组织发达,细胞间隙缩小。还有一类盐土植物,具有肉质茎叶,其叶肉中有特殊的贮水细胞,使同化组织不致受高浓度盐分的伤害。贮水细胞的大小,还能随叶子的年龄和植物体内盐分绝对含量的增加而扩大。

盐生植物的抗盐特性各不相同。有些植物如盐角草、滨藜、海蓬

子等,它们能在细胞内积累大量的易溶性盐,使得植物细胞的渗透压很大,保证水分的吸收。有的植物,如柽柳、矶松、红树等,靠在细胞内积累盐分的方法,来保证其从盐渍化的土壤中取得水分,又能通过茎、叶表面的分泌腺,把盐分排出体外。还有一类盐生植物,如海蒿、田菁、胡颓子等,它们体内含有较多的可溶性有机酸和糖类,细胞的渗透压增大,从而提高了从盐碱土里吸收水分的能力。

在所有盐生植物中,最著名的要算盐角草。它能生长在含盐量高达 0.5%~6.5% 的潮湿盐沼中,也能生长在盐碱荒地、废弃的盐田及海边等盐含量极高的土地中。这种植物在中国西北和华北的盐土中也很多。盐角草是不长叶子的肉质植物,茎的表面薄而光滑,气孔裸露出来。盐角草由于体内所含的盐分高,体液的浓度大,所以最能适应在盐土上生长。该物种为中国植物图谱数据库收录的有毒植物,其毒性为全株有毒,牲畜如啃食过量,易引起下泻。但是,韩国研究人员经过一系列处理后,除去了这种植物中的有毒化学成分,变有毒的野草为有益健康的营养物质。

研究人员表示,以往生产的盐都是从海水或盐井水为原料提取的。与此相比,来源于盐角草的盐是世界上首次以100%的植物原料生产的新型食用盐,含有丰富的氨基酸和酶等有机营养素,具有降低血压的保健功效。除了盐角草外,韩国研究人员还在尝试从其他盐生植物中提取食盐。这项研究对种植业来说是一个好消息,那就是曾经困扰农民的盐碱地其实也可以充分开发,种植含盐植物,开发植物食盐保健品,这些经济作物前景广阔,利润丰厚。

蛇毒洗涤剂

大多数人都很怕蛇,除了它是冷冰冰且滑溜的冷血动物外,更多的是来自对毒蛇的恐惧。民间和小说中有不少关于毒蛇的传说,比如可以令人"七步晕八步倒"一类的毒蛇。还有一些恐怖来自蟒蛇,它们居然可以生吞活人或其他大型动物。事实上,剧毒的蛇在自然界中是少数,它们对人类的伤害也很少,相反,帮助却很多,比如蛇毒就是很有名的药物。

蛇毒是毒蛇从毒腺中分泌出来的一种液体,主要成分是毒性蛋白质,约占毒液干重的90%～95%,酶类和毒素含20多种,此外还含有一些小分子肽、氨基酸、碳水化合物、脂类、核苷、生物胺类及金属离子等。蛇毒成分十分复杂,不同蛇毒的毒性、药理及毒理作用各具特点。现在,蛇毒大多用于治疗癌症、疼痛、心血管疾病、流血不止等。一些蛇毒甚至可以用来治疗被蛇咬伤的患者,这就是有名的"以毒攻毒"。

我们对蛇毒的治病特性已经很熟知了，但是要把蛇毒和洗衣服联系起来，你可能会有些不信。美国的一位化学家德文·依莫托就发现，佛罗里达州的蝮蛇蛇毒可以清除衣服上的血渍。人血或是其他动物的血沾到衣服上很难被清洗掉，尤其是一些浅色衣服，若没有被及时清洗，以后这块血渍可能就一直存在于衣服上。这位化学家发现，蝮蛇的蛇毒可以清洗陈年血渍。

蛇毒

蝮蛇的毒液属于出血性毒素，中毒的猎物会因血管以及组织被破坏而大量出血。而其毒液之所以有清洁血渍的效果，其实是因为毒液中一种可以切断血液中的纤维蛋白而使血块分散的酶。毒蛇毒液里含有这种酶可增加捕食成功的机会，因为这种酶可以让猎物被咬伤后的伤口不易愈合，血流不止，从而加速减弱猎物的体力。其他蜘蛛或昆虫分泌的毒液也大多含有类似功能的酶。而对吸食血液为生的水蛭来说，这种酶更是不可或缺的维生工具。

虽然目前研究的结果显示，萃取到的毒蛇毒液中的酶只能清除衣服上部分而非全部的血渍，但是研究人员仍试着利用混合不同酶，或尝试不同毒蛇的毒液来达到更好的清洁效果。此外，由于天然的酶通常对温度有较高的敏感度，能发挥正常功能的温度通常局限于生物体温范围，因此必须先克服温度上的限制，否则采用毒蛇酶洗涤剂后，用过冷或过热的水洗衣服都不能达到理想的效果。

当然，如果要把这种毒蛇酶洗涤剂推向市场，那首先得考虑消费者对这种产品的反应。想象一下，当卖场的架子上放着一排排贴有不同毒蛇、蜘蛛图案的肥皂，就算旁边贴着"保证超强效"的宣传海报，可能还是有很多人不敢购买，毕竟是有毒的毒液直接掺到洗涤剂中，谁知道小孩子或宠物误食了这些洗涤剂会不会中毒。甚至一些环保人士也反对这项研究的应用，因为他们担心这种洗涤剂会污染水源。主导这项研究的依莫托也说："其实，经过处理的蛇毒洗涤剂完全无毒，而且也不会污染水源。不过，我也能想象，人们肯定会对蛇毒洗涤剂有畏惧心理。"

不过，也有不少洗涤剂的生产商对这个点子十分感兴趣，他们认为只要洗涤效果好，还是可以进行推广的，可能会引起购买者的兴趣，因为现在一些保健和医疗药品也是用毒蛇中的一些化合物制成的，由于效果独特，还是很受消费者的欢迎。这些生产商认为，现在的关键不是考虑消费者是否厌恶毒蛇或其他毒虫，更重要的是看蛇毒洗涤剂的去污效果是不是明显优于传统的洗涤剂。另外，成本和售价也是值得考虑的事情，毕竟毒蛇的毒液还是比较昂贵的。

其实，依莫托一开始对毒蛇酶有兴趣不是制洗涤剂，而是想制药。早在2002年，澳大利亚科学家就发现吸血蝙蝠的毒液中有一种独特的酶，将有机会开发成为治疗中风的首选药物。受此研究的启发，依莫托企图找出对抗心肌梗死或中风的新方法。因为他认为毒蛇毒液中防止血块凝结的成分有可能用于发明新药品，以治疗中风等疾病。在研究蛇毒药物的过程中，他意外地发现了蛇毒的去污功能。历史上的不少发现也是在这种意外中获得的。

可自行修复的神奇涂料

　　曾经有一部国产贺岁喜剧影片《六面埋伏》，讲述了一位司机侦破车体划伤的故事。影片中的车迷老金购得的一辆新轿车，会不时出现不明划痕，由此惹出了一系列疑神疑鬼的搞笑故事。现实生活中，爱车一族的确经常为车体的划痕而烦恼。而日产汽车公司的研究人员开发成功了一种神奇的清漆涂料，可使车身涂层表面的划痕随时间的推移自动复原。

　　细心的车迷都知道，在机械洗车或穿越草丛时，车辆的漆面有可能会出现细微的伤痕。甚至在开关车门时，我们的指甲也会不小心在把手内侧漆面上造成划伤。如果使用新开发的划痕复原涂料，爱车一族就不用为这些有碍观瞻的伤痕而烦恼了。

　　以前也有些公司研究出预防车身涂层表面损伤的方法，他们使涂膜具有一定的柔软性，不过这种方法存在耐久性及耐热性差的问题。日本研究人员新开发的划痕复原涂料除了含有高弹性树脂，还采用了高密度的网状构造，这样漆面就兼具柔软性及强韧性两大可以互补的优势，从而提高了车体漆层的耐用性。

　　这种神奇的涂料被称为具有"划痕自愈"功能的涂料，有极强的抗刮性和自愈性。如果车身出现轻微的划痕，在阳光的照射下，划痕会自我修复。

　　在进行的测试中，研究人员故意把涂上自我修复涂层的车身蹭花，再把车停放在阳光下 15 ～ 30 分钟，此时，车辆涂层内的甲壳质和环氧丙烷就会组成新分子,令刮痕自动"愈合"。这个过程不会受空气湿度的影响,也不会影响司机正常驾驶,而且它只是涂料分子间的变化,也不会像油漆那样容易蹭到人身上。

有了这一高科技的保护措施,汽车的表层漆面出现了擦伤,只要不是深到划破了清漆层,就可随时间的推移自行复原到和擦伤前差不多的状态。擦伤复原的时间因周围温度以及损伤深度而异,有时可能需要一星期。不过,如果清漆涂层受损严重或出现剥落,或者清漆涂层本身发生断裂,就无法用这种方法复原了。

根据市场调查显示,车身涂层损伤多半由机械洗车造成,采用这种"擦伤保护涂层"可将车身表面漆层的轻微伤痕减少到原来的五分之一。由于表面漆层受到保护,所以人们的爱车可以长期保持新车才具有的防水性能。

研究人员指出,该神奇涂料的成本低廉,而且简单易用,不但可应用在汽车车身表面,也适用于其他容易被刮花的物件表面,如太阳眼镜、手机屏幕、手袋、皮鞋及家具等。

形形色色的水泥

水泥是常用的建筑材料,科学家们为改变传统水泥在人们心目中的"灰色"形象,开发出了具有各种独特功能的新型水泥。

在华盛顿美国建筑物博物馆内,一名参观者在测验一段水泥墙的透光性。这种水泥是 27 岁的匈牙利建筑师阿伦·洛科齐设计的,他将世界上最常用的建筑材料与光纤结合在一起,发明出了这种能透光的新型水泥。这种透光水泥像普通水泥一样牢固，但由于含有大量光纤，因此通过这种水泥可以看到人或树的影子。透光水泥材料能使房间内部变得更温和、通气，使人产生房间没有厚墙隔离的错觉。阿伦·洛科齐是在瑞典首都斯德哥尔摩学习时产生这一奇想。这种透光水泥材料曾在欧美做巡回展出。

法国化学家诺纳让研究出一种弹性水泥。它既有水泥类无机材料良好的耐久性，又有橡胶类材料的弹性和变形性能，可用作环保型防水密封材料。它以特种水泥为主，采用特殊物理化学改性工艺制成。弹性水泥在设计上从材料的物理性能与建筑体本身的相互作用两方面着手，是有机高分子乳液与改性水泥等多种助剂组成的防水材料，克服了传统材料脆性大的缺点，具有"即时复原"的弹性和优良的耐水性、抗渗透性，特别适用于复杂结构，可明显降低施工费用。

中国的研究人员发明了一种可以长草的水泥。它们从外表看只不过就是一块黑色的水泥，但它与一般水泥不同，因为只要浇上水，十多天后，这种水泥里就会长出茵茵绿草来。由于长草的土壤其实是坚硬的水泥，所以这种草坪不怕踩不怕压。这种水泥是采用山西独有的多孔轻质火山岩为骨料，配以水泥、添加剂以及各种冷、暖型优良草种，经特殊工艺加工制成的。因为草种已经埋在水泥里，所以只要向水泥块上浇水，草就会长出来。

德国研究人员在白色水泥中加入二氧化钴，制成一种能随空气湿度变化而变色的水泥。由于它可预报天气，显示湿度的变化，故又称为"气象水泥"。下次出门不需要通过报纸和电视来看天气预报了，看看家门口的那面"气象"水泥砌成的墙就好了。

法国研究人员阿道福斯研究出一种夜光水泥，多用于在公路上标划车道、人行道线和各种路面标志等，可储存白天的日光及来往车辆的灯光，夜晚时闪闪发光，构成"夜光公路"，给城市夜色增添光彩，方便夜行车辆。城市公共用电中,路灯占很大的一部分,有了夜光水泥,城市就可省电了。

磷酸钙水泥的研究与发展源自材料领域与牙医领域,1987 年前后由美国牙科医生克里克发明。由于磷酸钙水泥的水化产物的化学组成与人体骨骼成分相似,故应用于人体内部时不会产生毒性与排斥等不良反应。目前,磷酸钙水泥被视为外科手术用的水泥,应用领域以牙医、骨科、整形外科为主。嗯,下次牙齿坏了,敷上一块磷酸钙就好了。

如果你家的水泥地板和水泥墙壁会导电,你会不会有些害怕?俄罗斯混凝土和钢筋混凝土科学研究所发明了导电水泥。研究人员说不要怕,这种水泥不会漏电,它导电是为了让内部发热。其实导电的不是水泥,而是水泥中所添加的有导电性能的无烟煤或焦炭粉末。由于导电水泥在有电流通过时会发热,住在用导电水泥修建的房屋里,我们在冬天就不怕冷了。

瑞典研究人员发明了具有木材质地的水泥,是在水泥中加入微粒直径为 300 微米的聚合物制成。使用中除有普通水泥的特点外,其制品还能像木材一样锯切、钉割和开螺孔,并具有良好的隔音和防火性能。有了木质水泥,下次你要在水泥墙上钉幅自己的画作或靓照就很省力了。

能自动加热或制冷的易拉罐

在荒无人烟的野外旅行,冬季我们想喝一杯热腾腾的咖啡,夏季我们想喝一罐冰凉的饮料,然而,此时这样的愿望似乎很难满足。化学家却告诉我们,利用化学的"魔法",这样的愿望其实很容易满足。

我们知道,化学反应一般都伴随着热量的变化,有的化学反应会吸收热量,我们可以利用这样的反应来制冷;有的化学反应会放出热量,我们可以利用这样的反应来加热。

美国加利福尼亚州的一家公司率先开发出一种可以自行加热的塑料包装容器。这种可自热的塑料容器能在 5 分钟内将包装内容物加热到合适的温度。这种自热塑料容器为吹塑成型容器,由六层结构组成,都是聚丙烯塑料。

自热塑料容器加热过程设计得非常方便、简单。这种容器由一个无接缝的发热本体和外部包装两部分组成。本体中有一个装着生石灰(氧化钙)的圆锥形内部罐。圆锥加热罐被饮料包围着,类似放入暖瓶中的一个电热棒,只不过热量是由化学反应而提供的。

使用时,剥除防伪用的薄膜后,就会露出一个按钮。用手拉按钮,通过外力破坏加热罐本体的内部密封,水就会由圆锥部分漏出,同氧化钙发生反应生成氢氧化钙。这个化学反应是个剧烈的放热反应,可加热周围的食品或饮料。由于自热塑料容器由六层结构组成,所以饮料不会被密封在其他层中的化学反应原料污染。

充填在加热圆锥体外侧的食品或饮料可以很快在原有温度上升高约 24℃以上,并能够保持此温度 20 分钟左右。对于容器内不同的食物或饮料,加热温度可以在 38 ～ 80℃ 范围内变动。

这种自热塑料容器适用于高温高压灭菌处理、热灌装、无菌充填和超高温杀菌等工艺过程。由于加热原料是比较便宜的生石灰,所以成本不会很高,而且聚丙烯塑料还能够回收利用。这种可自热的塑料罐容器可以加工成各种不同大小和形状,用来加热灌装咖啡、热巧克力和汤类制品。

除了可以自行加热的容器外,还有一种可以自行制冷的容器。美国一家自冷罐公司就开发出这样的产品,自冷罐的核心是吸附了二氧化碳的活性炭。在生产过程中,工厂把二氧化碳气体在高温高压的环境中压缩到活性炭中,再填充到自冷易拉罐内。当我们使用的时候,拉开易拉罐的底部按钮,高压的二氧化碳迅速膨胀并溢出易拉罐,这个过程会吸收大量热量,令饮料罐的温度在几分钟内就降低 $15 \sim 20℃$。

无论是自行制冷还是加热的易拉罐产品,都被美国环保局列为环保产品,并得到美国国家航空和航天局、国防部的认可和使用。美国国防部还认为,这样的产品可以提高士兵野外的生存能力和战斗力。美国国家航空和航天局还希望这样的产品能增添航天员太空生活的乐趣。

二氧化碳变钻石

钻石是指经过琢磨的金刚石。简单地讲,钻石是在地球深部高压、高温条件下形成的一种由碳元素组成的单质晶体。在18世纪末的时候,人们还不相信璀璨夺目的钻石和黑乎乎的煤是同一种东西。法国著名的化学家拉瓦锡从一位傲慢的富商手里接过一颗大钻石。这位富商本来等着看拉瓦锡的笑话,过了一会儿却变得目瞪口呆了。原来拉瓦锡用一个放大镜聚集阳光产生高温,让这颗钻石燃烧了起来,一会儿就变得无影无踪。人们这才相信钻石也是由碳原子组成的。

人们一直在寻找人工制造钻石的方法,目前比较常用的是一些物理方法。由于天然的钻石都是在地层深处由火山爆发或地壳运动带出来的,于是科学家们就想到了模拟地层深处的环境,用人工制造的高温高压环境把石墨转变成钻石,甚至有科学家利用炸药产生的高温高压来制造钻石。

美国芝加哥有一个生命宝石公司,专门用人体的局部组织制造钻石。由于人体大部分是富含碳的有机化合物,这些有机化合物分解后可成碳,在高温高压下就可以成为钻石。这家公司专门将死者的骨灰或头发制作成钻石,方便家属保存。这家公司过去曾经以贝多芬的头发制作过3颗钻石,每颗都卖出20多万美元。

化学家们一直尝试用温和一些的化学反应来制造钻石,他们曾经用钠还原四氯化碳来生产钻石,但这种方法制造的钻石大多在1微米以下,应用价值比较低。

二氧化碳和钻石,一个是导致温室效应的气体,一个是光彩夺目的装饰品。有谁能想到,二氧化碳可以变成光彩夺目的钻石。然而,中国科学家实现了这个不可思议的想法。

中国科技大学的化学家用完全无毒的二氧化碳作为原料,并使用金属钠作为还原剂,实验的条件也比较温和,反应炉的温度为440℃,气压为800标准大气压。整个反应为12小时,约有16.2%的二氧化碳被还原,其中有8.9%为钻石,其他为石墨。不过这些钻石也是一些微粒,需要在显微镜下才能看见,小的几十微米,最大的可达250微米。虽然利用这种方法制造的钻石很小,但是比起用四氯化碳来制造钻石要进步得多了。

神奇的人造肌肉

中外的神话传说中都有神仙造人的故事。比如,中国有女娲造人的故事,欧美人则相信是上帝创造了人类。现在,科学家试图在实验室里按照人类自身的结构利用现有的材料制造出和人类接近的机器人,他们把这种类型的机器人叫作"类人机器人"。

类人机器人不但具有高度发达的智慧,而且外形和生理机能也和人类比较接近。为了使得类人机器人看上去有人类协调的动作,科学家不但得给它们装上像人类一样的关节,还得给它们铺上人造肌肉和皮肤。目前,人造肌肉的研究逐渐成为新一代机器人的研究热点。

人造肌肉的先驱是美国国家航空和航天局的科学家约瑟夫·巴·考恩,他一直在设计一种具有与人类肌肉相同机能的高分子材料。考恩的研究试图通过电流激活这种高分子材料,使之具备伸缩、折曲的功能。

关于人造肌肉的最初设想始于大约30年前,当时考恩等人发现,非金属材料能够在电流的作用下产生运动。此时,考恩教授已经展开了在人造肌肉领域的研究工作。与传统引擎驱动的机器人不同的是,具有人造肌肉的机器人除了关节之外,没有其他的可以活动的关联处,只有通过电流的直接作用,才能完成设计的动作。因为上述的原因,机械手的制造工艺变得更加简单,同时也降低了失败的概率。

在未来的火星或其他星球的探测中,需要发射一些像昆虫一样的小型扑翼飞机,这也是美国国家航空和航天局鼓励考恩研究人造肌肉的原因之一。第一代微型太空飞机由于能耗过高,飞行不到10分钟就会因能量耗尽掉下来,根本无法到火星等外星球上进行科学探索。所以,考恩正在研究效率更高的人造肌肉,他希望能够利用这些人造肌肉产生翅膀运动。

近年来,日本几家从事新材料开发的公司也一直在用高分子材料研究人造肌肉。2002年,他们成功地用高分子材料做成的人造肌肉制成了一种机器鱼,并计划进一步研发适用于机器人或人的人造肌肉。这些机器鱼的不平凡之处在于,这些色彩鲜艳的高分子材料鱼群在水中模仿生物往前行进时,肚子里可没有诸如马达、驱动器、机轴、齿轮等机械装置,甚至连电池都没有。这些鱼游动靠的是来回伸缩的高分子材料内脏,仿佛就像是有自己的意识。它们是借着新一代改良过的电流驱动聚合物所制作出来的第一个商业产品。

日本科学家发明的机器鱼的人造肌肉伸缩性已能和人的肌肉相媲美,其伸缩性由材料自身性能决定,无须马达、齿轮等复杂装置,体积小、质量轻。人造肌肉使用的材料是2000年诺贝尔化学奖得主白川英树合成的导电高分子材料。研究人员先把直径为0.25毫米的管状导电高分子材料集束在一起,制成肌肉一样的复合体,然后在导电高分子材料管内灌入特殊液体,通上电流。高分子材料中的导电性高分子在溶液中放出离子,研究人员可以通过控制电流强弱来调整离子多少,改变人造肌肉的伸缩性,从而使其体积大小能发生明显变化。实验过程中,人造肌肉伸缩率可达15%,相当于人的肌肉

20%的伸缩率。

曾经在一次世界智能机器人博览会上,出现了一种配备人造肌肉的机器人,这是一家英国机器人公司开发的。这个机器人只有手上才有人造肌肉,不过其机械手的灵敏度几乎可以与人手相媲美,据说用这只电脑控制的机械手甚至可以像人手一样弹钢琴。英国科学家发明的人造肌肉中一根管状导电高分子材料可承重 20 克,1 600 根绑在一起可承重 20 千克。如果人造肌肉体积和人的肌肉相同,其力量可达后者的 100 倍。研究人员预计,如果在高分子材料薄膜的厚度和人造肌肉体积方面继续努力研究,其性能还可以再提高 10 倍。

人造驱动和传动产品的发明将对机器人研究和仿生动力研究产生革命性的影响。考恩教授说:"我们不需要什么齿轮,也不需要轴承,我们所需要的就是可以导电的高分子材料。这将改变机器人研究的蓝图。"可以预见,这些产品将为数以万计肢体残疾的患者带来福音。

能源新时代

nengyuanxinshidai

来自地球深处的热能

　　地球是一个巨大的能源宝库，除了我们熟知的石油、煤和天然气外，还有一个我们关注较少的能源。这种能源不仅储量大，而且污染很轻，这种日渐受到重视的能源就是地热能。在德国一个名为"下哈兴"的小镇，政府正在进行全面利用地热的试点工作，希望能让地热满足小镇的所有能源需求，摆脱对水电、石油和天然气的依赖。如果获得成功，德国将在地质条件合适的小城镇全面推广对地热资源的利用。

　　地球的内部是一个高温高压的世界，蕴藏着无比巨大的热能。地球内部的热能储量有多大呢？假定地球的平均温度为 2 000 ℃，

地球的质量为 6×10^{24} 千克,那么整个地球内部的热能大约为 1.25×10^{31} 焦。地球中石油的储能约为煤炭的 8%,而地热能的总储能则为煤炭的 17 000 万倍。可见,地球是一个名副其实的巨大热库。地球通过火山喷发、间歇泉和温泉等途径,源源不断地把它内部的热能通过传导、对流和辐射的方式传到地面上来。

地球内部的温度如此高,这些热量是从哪里来的呢?地热的来源是进行热核反应的长寿命放射性同位素,主要包括铀 238、铀 235、钍 232 和钾 40 等。也就是说,地热其实是地球内部核能的体现。放射性物质的原子核,无须外力的作用,就能自发地放出电子和氦核、光子等高速粒子,并形成射线。在地球内部同地球物质的碰撞过程中,这些粒子和射线的动能和辐射能便转变成了热能。

越往地下深处温度越高,从地球表面往下正常增温梯度是每 1 000 米增加 25 ～ 30℃,地下约 40 千米处的温度可达到 1 200℃,地球中心温度不超过 5 000℃。据科学家推算,仅地下 10 千米厚的一层,储热量就达 1 050 万亿亿千焦,相当于 3 590 万亿吨标准煤所释放的热量。用钻探手段把地下几千米的热水带到地表,这就是地热资源开发。

利用地热资源不会排放二氧化碳等污染物,而且地热储量巨大,几乎不存在耗竭的可能。所以,地热资源是一种无污染的清洁能源,是绿色能源中唯一的地下宝藏。随着石油、煤炭等传统能源逐渐枯竭,地热资源将成为未来能源的一个重要组成部分。它将被广泛用于生活生产的各个领域,例如,它可以直接用来为工业或人们的住宅供热、发电,也可以用于温泉养鱼、灌溉、温室栽培,还可以用于皮革加工、食品加工、造纸、晒盐、制碱等工业生产。

用病毒制造氢能源

氢燃料是一种清洁能源,它的原料和燃烧后的唯一产物都是水。然而,令能源公司头疼的是氢燃料高昂的生产成本,科学家正在想办法降低氢能源的造价。美国研究人员提出一种新的设想,利用病毒提取氢能源能够降低生产成本。

新设想的提出者是美国女科学家安杰拉·贝尔彻,她在马萨诸塞理工学院从事材料化学方面的研究。她领导的研究团队模拟植物利用太阳光分解水制造促进自身生长所需能源的原理,对一种病毒进行了基因改造,同时将其作为生物支架,将一些纳米组件搭建在一起,最终把水分子分解成了氢原子和氧原子,也就获得了我们所需要的氢燃料。

贝尔彻表示,目前获得氢燃料的方法有很多种,比如分解水、裂解石油和煤、分解植物等,但是最环保而且最可持续的方法还是电解水,因为水作为氢能源的原料是可以循环利用的。能源公司从大自然中获取水分解成氢燃料,氢燃料燃烧后变成水回到大自然。更妙的是,用水分解获得氢燃料不但不会产生污染物,而且会生成氧气这种很好的工业原料;而氢燃料燃烧后也不会生成污染物。

然而,氢燃料不能够自然获得,它也需要消耗能源来分解水获得。这听起来似乎有些多此一举,因为多了一个环节就多了能耗,有了能源直接利用不是合算吗?为何要制造氢燃料呢?这是因为一些特殊场合(比如奥运会、世博会、大城市)的人口流量大,氢能源可以保障这些场合小环境的大气洁净度,可以有效地保障人口密度区域的人们的身体健康。贝尔彻说:"氢作为二次能源有很突出的优点,比如,压缩的氢燃料体积小、质量轻、燃烧值高,便于储存和运输。"

既然氢能源被称为"清洁能源",如果用传统能源(如石油、火电)来生产氢,这些能源本身会释放污染物,它们所生产的氢能源就不能算是绿色清洁能源。因此,获得氢能源的最好方法还是用绿色能源(如太阳能、风能等)来分解水。目前,用得比较多的是用太阳能电池板产生的电力来分解水。然而,太阳能电池板本身造价很高。贝尔彻表示,如果利用一些经过基因改造的病毒来分解水,就减少了不少中间环节,制造成本可以大大降低。

研究人员选取的病毒名为 M13,这是从一种细菌中提取的病毒,对人体健康没有影响。研究人员对这种病毒进行基因改造后,再让它吸附一个催化剂分子氧化铱和一个吸光物质锌卟啉,吸光物质源源不断地将阳光沿着病毒传递。在这样一个过程中,病毒充当了太阳能的传输通道,可以把太阳能从吸光物质传输到催化剂。在催化剂和太阳能的共同作用下,水就分解成了氢气和氧气。把氢气进行液化和压缩,就变成了高效清洁的绿色能源。

然而,研究人员在实验过程中发现,经过一段时间的氢能生产之后,传输太阳能的病毒"通道"从线状变成了团状,就像是一团乱麻,自然不能很好地传输太阳能了,氢能的生产效率大大降低。研究人员又想了很多办法来克服这个难题,最终将这些病毒变成凝胶状态封入一个胶囊内,因此它们能够保持原有的状态,从而维持了氢能生产过程中的稳定性和有效性。

比起太阳能电池板分解氢气,用病毒制造氢气的效率提高了4倍。目前,从水中分离的氢被分成质子和电子。研究人员正在进行第二步攻关，将这些质子和电子变成氢原子或者氢分子。该研究团队也希望找到更常见、更便宜的物质来做催化剂，替代昂贵而稀少的铱。有关专家表示，氢能源最终大规模生产可能得靠生物方法，而利用病毒生产氢气是氢能源领域内的重大进展。我们相信，有了如贝尔彻等众多科学家的努力，一个洁净的氢能源时代即将到来。

用病毒制造化学电池

现在，人们希望各种电器越来越小，要把这些电器造得特别微小，一个重要的前提是让提供电源的电池变小。为此，美国马萨诸塞理工学院的研究人员开始利用直径只有 6 纳米的病毒来制造电池。用这种病毒制造的微型电池只有几十微米，只相当于一个细胞的大小。

要生产微型电池，就需要纳米电极和导线，而用金属丝来制造这些元件，要求高温高压的极端环境，成本大，设备要求高。为此，负责这项研究的麻省理工学院的贝尔彻教授决定向自然界学习，希望制造一种仿生材料。她最先想到的是神经纤维，动物的神经纤维末梢就是一种天然的纳米导线，它们可以传递神经电信号。由于人造神经纤维的生产成本十分高，难度特别大，他们放弃了这一计划。

后来，研究人员从鲍鱼贝壳的形成过程得到了启示。他们发现鲍鱼分泌的一种蛋白质可迫使碳酸钙分子定向排列，逐渐形成鲍鱼坚硬的贝壳。贝尔彻等人提取了制造这种特殊蛋白质的鲍鱼基因，通过基因技术把它移植到病毒中。在特殊蛋白质的控制下，这些病

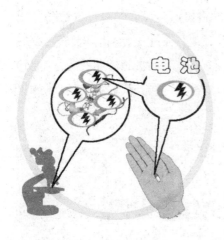

毒可以自动地首尾相连,形成一种纳米级别的生物导线,能用来制造电池的电极和导线。这种技术有个专门的科学术语,叫作"自组装技术"。

更为可喜的是,病毒的这种生物自组装过程不需要高温高压,也不需要特别昂贵的设备,只要培养液合适,它们在常温下就可以完成组装。在自然界的环境中,鲍鱼形成一个完整的贝壳需要 15 年,而在实验室条件下,这些病毒组装一个电极只需要两星期。病毒电池的主要材料是一般电子元件所采用的材料。然而,采用病毒作为电极和导线后,电池一下子就变得很小了,而且这种电池具有透明、柔软和可折叠的优点。

无论是在组装过程还是电池的使用过程中,这些连成一线的病毒都是活的。贝尔彻和她的小组用显微镜扫描了数以百万计的病毒 DNA,从而为这一工作筛选出最好的候选病毒。他们最终选择的病毒是长条状的 M13 病毒,其直径仅 6 纳米,长为 880 纳米,它是一种非常简单而且容易被操纵的病毒。目前,他们正通过无害的微生物细胞来复制 M13 病毒,然后再把它们组装到高分子材料上。

就像传统的化学电池那样,微型病毒电池也包括正极、负极和电解液三个部分。研究人员用一种超薄的聚合物材料作为病毒电池的外壳,在薄膜上建立电池的接头,其直径仅有 4 ~ 8 微米。在电池接头的顶部,研究小组堆积固定电解液的聚合层。接下来,将病毒组装在电池接头上,并在病毒的外壳上附着不同的化学物质,最终形成电池的正极或负极。比起目前微型电池用的碳纳米管电极材料来说，病毒电极的储能效果提高了 2 倍。一个病毒电池包括若干个电极组成的电极阵列，这样可以提高电池的输出电流。

研究人员表示，微型病毒电池的确可以为手机供电，但是近期内还显得有些珍贵的病毒电池将主要用于治疗疾病和制造精密仪器。比如，现在一些患者需要在体内植入一些医疗器械(心脏起搏器、血管机器人等)，这些器械就可以用病毒电池来供电。或许有人担心病毒电池破裂了怎么办，那些病毒会不会危害人体的健康？病毒电池的密闭性和稳定性都很好，通常不会出现破裂的情况。即使病毒电池在意外情况下破裂，那些"泄漏"的病毒也不会危害人体，因为它们已经进行过无害化基因改造。

利用病毒研制电池是一个良好的开端，今后研究人员还将利用病毒上不同位置的蛋白质的特性，研制能满足有不同要求的电子元器件，如有机晶体管。此外，同样的病毒组装技术还可以用于研制更加有效的生化反应催化剂。研究人员还希望利用这种病毒组装技术制造太阳能电池、涂料、纺织品等产品需要的纳米材料。

在城里种植燃油

汽车里的燃油可以种植出来。你是不是觉得有些不可思议？其实，现在已经有一些汽车甚至飞机都用上了种植出来的燃油，这种油被称为"生物燃油"，实际上是一种很重要的化学燃料。用于生产生物燃油的是那些一度被认为是污染物的藻类。《科学美国人》曾经列举了改变世界的 20 大科技创新,其中一项就是藻类产油。美国一些研究人员认为,在城市里大规模地种植藻类来生产生物燃油,可以降低城市对石油的依赖程度,并且能有效地保护城市的环境。

所有生物都是燃料,因为支撑生物的主要化学物质是有机化合物,而有机化合物的主要成分是碳和氢,两者都是可以被氧气氧化产生热量的化学元素。一般的动植物需要燃烧发电才能被人们所利用,而有些植物可以榨出被交通工具和工厂直接使用的燃油,这比燃烧发电利用起来要简单得多,因此发展生物燃料的重点是发展生物燃油。大豆、花生、油菜籽、茶籽、葵花籽、玉米等,都是我们所熟知的产油原料。

科学家近年来发现,我们所讨厌的藻类植物也是一种重要的产油原料。这些藻类分布在海洋、江河、湖泊中,甚至在全球变暖的形势下大规模爆发,一度导致一些水域出现"绿色污染"。比如,太湖内的蓝藻污染长期困扰着附近的居民。然而,在能源领域藻类并不令人讨厌,而且成了世界生物燃料领域的香饽饽。藻类植物所产的油虽然不能食用,但是可以驱动汽车、轮船、飞机和工厂里的机器。

藻类是最原始的生物之一,主要生长在水里,具有光合效率高、生长周期短、繁殖速度快的特点。它们大小各异,小至长 1 微米的单细胞的鞭毛藻,大至长达 60 米的大型褐藻。藻类按大小通常分为大藻(海带、紫菜等)和微藻(蓝藻、绿藻等),其中用于制备生物燃油的是微藻。研究人员发现,藻类是一种含油量很高的植物,其产油量是玉米、柳枝稷等生物燃料植物的 15 倍。尽管如此,大部分藻类的产油量不超过自身重量的 10%。能源厂商因此觉得藻类燃油的生产成本有些高,他们希望能够有产油量更高的藻类。一种方法是寻找天然的产油量高的油藻,另外一种方法是借助转基因技术获得油藻。

研究人员表示,如果转基因油藻真的培育成功,可以推广到城市种植。那时,人人都可以在家"种植燃油",人们可以在自家的花园、阳台或屋顶种植转基因油藻,收获之后送到生物燃油公司换汽油。由于城市的土地十分金贵,不可能专门开辟一些土地来种植油藻。藻类生长并不需要土壤,只需要水、二氧化碳和充足的阳光就可以了,城市的建筑表面就成了很好的种植地。美国还有一家公司正在研制"油藻培育系统",这种装置的主体是一些可以安装在建筑物表面的玻璃容器,其中还有一些监控藻类生长的设备,从换苗到收割都可以自动完成。

　　培育油藻的好处不只是为能源领域提供燃油,还有其他一些环保功能。首先,油藻也是发展低碳经济的重要内容,油藻的生长需要吸收二氧化碳等温室气体,燃烧后释放二氧化碳,其碳释放量和吸收量在理论上可以相互抵消,相当于没有向大气中排放二氧化碳,可以为遏制全球变暖作贡献。其次,油藻的生长对水质没有特殊要求,并不会浪费居民生活用水,甚至可以用污水处理池来养油藻。越是污水油藻生长得越好,它们可以有效地吸收污水中的有机营养物质,而这些物质正是让城市污水发臭的原因。因此,利用建筑排放的污水就可以让油藻快速生长,这还可以减轻城市污水净化系统的压力。

　　目前,最重视藻类燃油开发的国家是美国。早在 2007 年,美国能源部就推出了"微型曼哈顿计划",其宗旨就是向藻类要能源,目标是从 2010 年开始每天产出百万桶生物燃油,实现藻类产油的工业化。2009 年 1 月 7 日,美国大陆航空公司成功试飞了北美第一架采用可持续生物燃料作为动力源的商用飞机。其燃料是包含海藻与麻风树提取物的混合生物燃料,这是第一次采用包含部分藻类提取物的燃料提供动力的商用飞机飞行。

中国在油藻研究方面近年来也获得了不少成果。比如,清华大学生物技术研究所缪晓玲教授等通过异养转化细胞工程技术,获得高脂含量的异养小球藻细胞,其脂含量高达细胞干重的55%。山东海洋工程研究院的研究人员李乃胜等人培育出了富油微藻,最高含油量已达到68%,并在此基础上制取生物柴油。我们相信,藻类将成为城市绿色能源中的重要成员。

奇特霉菌生产柴油气

美国科学家在热带雨林中发现了一种粉红色的霉菌。这种霉菌有一种奇特的功能,可以让植物的枝叶发酵,转化为燃烧值特别高的柴油气。这项发现为植物能源的利用开辟了新的途径,是科学家在寻找可再生能源征程中的一项重大发现。

在目前能源逐渐紧缺的形势下,寻找可再生能源是各国科学家正在探索的事情,其中植物能源大受欢迎。因为植物可以再生,利用植物的枝叶生产能源还不影响生态环境。在200多年前,人们就发现植物发酵可以产生可燃性气体,这种气体的主要成分是甲烷,俗称"沼气"。然而,沼气的密度小、燃烧值低,不是很理想的燃料。于是,科学家希望能够从植物废料中提取到更好的燃料。美国科学家加里·斯特罗贝尔在阿根廷巴塔哥尼亚高原的热带雨林中发现了粉红黏帚霉,这种霉菌可以把植物的废料转化为燃烧值比沼气高得多的柴油气。

斯特罗贝尔在心叶船形果木树的树干上发现了寄生的粉红黏帚

霉。他起初对粉红黏帚霉的生存特性特别好奇,因为这种长在植物枝干上的霉菌会产生气体,这些气体可以消灭附近的其他真菌,让它独享植物枝干的"美食"。斯特罗贝尔希望弄清楚这些气体为何可以作为粉红黏帚霉的武器,结果发现这些气体不过是高浓度的碳氢化合物,可让其他真菌窒息而死。

斯特罗贝尔等人在实验室内检验粉红黏帚霉的性能,用以燕麦为基础的果冻和纤维素培养它们。研究人员利用抽风机把粉红黏帚霉排出的气体抽走,并将它们收集起来。他们对粉红黏帚霉发酵植物原料释放的气体进行分析,发现其中富含8种柴油中的碳氢化合物,如燃烧值很高的辛烷。

与现在世界各地的植物燃料工厂生产的生物乙醇相比,粉红黏帚霉发酵产生的这种化学气体燃烧效果更好。这项发现让斯特罗贝尔十分惊喜,他说:"地球上还没有其他已知生物能做到让植物发酵出柴油气。这种气体混合物可以驱动发动机,直接作为机械的燃料。"

更加令人振奋的是,粉红黏帚霉可以生长在纤维素上。目前,植物能源科学家要攻克的难题就是怎样利用植物的纤维素,纤维素中含有大量的碳氢化合物,但是用普通的化学方法和生物方法都特别难分解。斯特罗贝尔说:"纤维素是地球上最丰富的有机化合物,但大多数给浪费掉了。"

通过粉红黏帚霉对纤维素进行发酵,可以产生大量现成的柴油气。研究人员将做更大规模的测试,让此真菌产生足够多的柴油气来驱动一台小发动机。如果他们能做到这一点,利用这种方法来大规模生产柴油气就变得可行了。

植物燃料曾被宣传是代替石油的好选择,而且植物生长过程可以吸收植物燃料燃烧产生的二氧化碳,让大气中二氧化碳浓度不会失衡。然而,现在不少人反对使用植物燃料,许多工厂用粮食来生产燃料,原因是纤维素难以分解。如果广泛用粉红黏帚霉发酵植物废料,就可以摆脱植物燃料工厂用粮食作原料的困境。

斯特罗贝尔还发现,粉红黏帚霉含有独特的基因,能生产出将纤维素分解成柴油气的酶。因此,可以把这种基因转移到其他微生物的体内,让其他微生物也能分解纤维素产生柴油气,这样就可以有效扩大生产规模。

斯特罗贝尔的研究还有可能揭开石油的形成之谜。传统的石油形成理论认为,石油是生物被埋在地下时,在高温高压作用下经过漫长的地质年代形成的。但是这个理论不能解释一些浅层油田的成因。根据斯特罗贝尔的研究,粉红黏帚霉或其他不知名的微生物很可能在石油的形成中起到了重要作用。

绿炭燃料廉价环保

在城市,木炭是一种最主要的烧烤类燃料;在农村,许多家庭用木材或木炭做饭。但是,产生木炭或柴禾需要砍伐树木,导致生态环境受到破坏。法国科研人员在西非的塞内加尔研制出一种木炭的替代品。这种新开发的被称为"绿炭"的燃料燃烧值高,十分环保,而且成本低廉。在西非一些地区的市场上,这种新燃料已经上市销售,并且推广速度较快,取得了不错的效果。

绿炭是一种新型的生物质化学燃料,主要是由农作物的废弃枝叶、家庭中废弃的蔬菜水果和黏土等物质混合,经过特殊的工艺加工而成。这种燃料的外表呈黑乎乎的小球状,有些像中国人曾经用过的小煤球。和煤球、木炭等传统的燃料相比,绿炭的生产效率更高,燃烧时也更清洁,而且是采用可再生的废弃植物原料制成的。

这种创新产品是由法国一家非政府环保组织"国际自然保护组织"开发的。在制作木炭的过程中,炭化程序都是分批完成的。但是把这种程序应用到生物材料上,不论是芦苇还是稻壳,效率都非常低。经过了 14 年的研发之后,这个组织的研究人员开发出了一种高效的绿炭生产工艺。该组织的主席贾伊·雷纳德说:"真正创新的东西是我们的技术。这种技术具有突破性,因为只有我们一家机构开发出持续制造绿炭的工艺。"

塞内加尔是最早受惠于绿炭技术的国家。塞内加尔有 1 300 万人口,曾经有至少一半的人依靠木材和木炭作为燃料,有超过 40% 的人口依靠化石燃料。目前,绿炭开始在塞内加尔北部的圣路易地区销售,传统木炭在这里已经很难买到。

罗斯贝西尔镇是圣路易地区生产绿炭的大本营,这里位于塞内加尔首都达喀尔以北 300 千米。阿卜杜拉耶·弗尔是一家大型的绿炭加工厂的厂长,他的工厂使用稻壳做原料。因为当地的很多打谷场扔掉大量稻壳。此外,这个地区是黏土地带,因此工厂就用黏土做黏合剂。在植被稀少的罗斯贝西尔,传统木炭都是由卡车从塞内加尔南方运来。所以,对于收入菲薄的当地家庭来说,新开发的绿炭的确是一种雪中送炭的替代品。1 千克绿炭售价 0.05 美元,而传统黑木炭的售价是 0.2 美元。

木炭在工业发达国家被用作辅助燃料和工业原料,在一些发展中国家也仍是重要的能源。塞内加尔能源部的可更新和可持续能源专家易布拉希马·尼昂说,使用木炭引发的主要问题是森林砍伐。他说,每制作 1 千克传统的木炭就需要砍伐 5 千克树木。40 年前,塞内加尔首都达喀尔居民使用的木炭是在城外 70 千米的地方制成的。而今天,再找到森林就必须到达喀尔以外 400 千米远的地方。由此可见,木炭的使用对森林的破坏是多么严重。绿炭的广泛使用直接保护了塞内加尔的森林资源。

雷纳德表示,绿炭将很快在马里、尼日尔、马达加斯加、印度、巴西等国上市。针对不同地区的特点,可采用棉花秆、玉米秸秆、花生壳、咖啡豆壳等很多不同的植物废料来制造绿炭。雷纳德还表示,使用绿炭不仅减少了对森林的砍伐,而且减少了温室气体排放,有助于对抗全球变暖,这个项目的目标是每年把二氧化碳和其他温室气体的排放量至少减少 1 400 吨。

联合国粮农组织表示,塞内加尔每年至少有 40 000 公顷的森林因为烧制木炭或其他商业用途而消失。随着全球人口的增加和森林资源的减少,世界上多国木炭的供应也将日趋紧张。因此,充分利用各种废弃的有机原料来制作绿炭,将是未来制炭业发展的必然道路。

人造太阳即将点亮

传说远古时代,天上有 10 个太阳,后来,被射掉了 9 个,最终只剩下了 1 个。现在,人们想在地球上制造太阳,而且不只是 10 个,而是很多很多,以满足日益增长的能源需求。当然,这些人造太阳所蕴藏的能量与真正的太阳相比还是相差很远的,所以要造很多个才行。

地球最大的能量来源是太阳。太阳是我们已知的最有效率的一种能量系统,它的内部有大量氢的同位素重氢(氘)和超重氢(氚)正发生着核聚变反应,生成一些大原子,同时发出光和热。根据爱因斯坦质能方程,能量是质量和光速的平方相乘所得的积。原子核发生聚变时,有一部分质量转化为能量释放出来,只要微量的质量就可以转化成巨大的能量。

核聚变反应所需要的燃料地球上到处都是,人们不必担心人造太阳的原料会像石油那样逐渐枯竭。氘可以从海水中提取,生产氚所需要的锂元素可以从一般的石头中提取。这两种原材料,也就是水和石头,地球上可以说是无穷无尽的。

核聚变反应释放的能量大得超出人们的想象。形象地来说,3瓶500毫升的海水就可以为一个四口之家提供一年的电力。每升海水中约含有30毫克氘,通过聚变反应产生的能量相当于300升汽油的热能。按照理论计算,如果建成一座百万千瓦的核聚变电站,每年只需要从海水中提取304千克的氘。为了应对可能出现的能源危机,世界上不少国家为挖掘潜在的核聚变能,展开了人造太阳的研究。

由于太阳引力巨大,可以让其中的燃料处于高度压缩状态,氢及其同位素原子的距离变得很小,核聚变可以自然地发生,但在地球上的自然条件下无法实现自发的持续核聚变。要想让氘原子和氚原子在特殊的位置发生碰撞并且发生聚变,需要 $1 \times 10^8 ℃$ 以上的极高温环境。氢弹是最早的"人造太阳",但它的爆发是在瞬间发生并完成的,并不可控。用一个原子弹可以提供高温和高压,引发核聚变,但在反应堆里不宜采用这种方式,否则反应会难以控制。因此,人造太阳的核心技术是点火。

目前,科学家利用的可控核聚变方式主要有三种:超声波核聚变、激光约束核聚变和磁约束核聚变。其中最常用的方法是开发最早的托卡马克装置控制核聚变，属磁约束核聚变。而美国人造太阳利用的是激光约束核聚变，也就是利用激光照射核燃料使之发生核聚变反应。

激光核聚变是把几毫克的氘和氚的混合气体或固体，装入直径约几毫米的小球内。从外面均匀射入激光束或粒子束，球面因吸收能量而向外蒸发，受它的反作用，球面内层向内挤压。反作用力是一种惯性力，靠它使气体约束，所以称为"惯性约束"。就像喷气飞机气体往后喷而推动飞机前飞一样，小球内气体受挤压而压力升高，并伴随着温度的急剧升高。当温度达到所需的点火温度时，小球内的气体便发生爆炸，并产生大量热能。这种爆炸过程时间很短，只有数十亿分之一秒。如每秒钟发生三四次这样的爆炸并且连续不断地进行下去，所释放出的能量就相当于百万千瓦级的发电站。

参与美国人造太阳研究的科学家表示，现有的核电厂和核武器都是采用核裂变的方式来获得能量，这种能量获取方式会产生放射性物质，对人类和周边环境构成危害。而核聚变既干净又安全，因为它不会产生污染环境的放射性物质，同时受控核聚变反应可在稀薄的气体中持续地稳定进行。因此，核裂变发电厂将渐渐退出能源舞台，而被核聚变发电厂所代替。

据专家估计，商业化的核聚变发电厂最早也要到2050年才会开始运行。在此之前，科学家们还必须通过许多考验。如果核聚变发电能够研究成功，将对人类的能源供应产生非常深远的影响。地球上仅海水中就含有45万亿吨氘，足够提供给人类使用百亿年的核聚变能源，人类将真正拥有取之不尽用之不竭的清洁新能源。从长远来看，核聚变能将成为继石油、煤和天然气之后的主要能源，人类将从"石油文明"走向"核能文明"。

在大海上建核电站

为了解决偏僻地区的用电问题，俄罗斯 2009 年 5 月开工建设世界上第一座漂浮核电站。由于漂浮核电站建设在大型海船上，可以在海洋和河流上移动，它将用于近海偏远地区供电、救灾和极地科学考察。

供建造这个漂浮核电站的大型海船长 144 米，宽 30 米，排水量 2.1 万吨。船上安装有两个核反应堆动力装置，每个反应堆的发电功率为 3.5 万千瓦。漂浮核电站的建设在圣彼得堡波罗的海船厂进

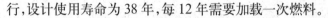

行,设计使用寿命为38年,每12年需要加载一次燃料。

　　漂浮核电站是一种小型可移动式核电站,它的总发电功率只有7万千瓦,其功率仅为标准俄罗斯核电站功率的一百五十分之一。这座核电站的发电成本较低,预计为每千瓦·时电5～6美分。俄罗斯联邦原子能署顾问弗拉基米尔·格拉切夫表示:"第一个漂浮核电站的建造是沿着建造小型核能源道路迈出的一步,可以在特定条件下提供可持续能源供应。这些核电站的作用在没有其他能源的地区将不可替代。"

　　为什么要建设漂浮核电站而不是陆地核电站?这是因为在不少偏僻地区和环境恶劣的地区,设备运输和技术人员的配备都比较困难。而漂浮核电站可以在发达地区的海边建设,利用当地人员、技术、设备等各种便利条件,电站建成之后直接航行到需要供电的地区。这样不仅大大地增加了核电站的机动灵活性,而且节省了成本。漂浮核电站的另一个长处是,在选核电站地址时,不像在陆地上那样要考虑地震、地质以及是否在居民稠密区等各种情况,选择的余地大。

　　漂浮核电站还有一个独特的优点是,海上的工作条件几乎到处都一样,不存在陆地上"因地而异"的种种问题。这样,就可以使整个核电站像加工产品一样,按标准化的要求进行制造,建造出的核电站全都一样。既简化了生产过程,又方便了使用,而且还可大大降低建造成本,缩短建造的时间。

　　海上漂浮核电站是怎样把电力送上陆地的呢?当要向地面输送电力时,这个漂浮核电站可以停靠在附近的码头上,然后与陆地上的高压电线连接,把电力输送到需要的地方。

　　对于人们普遍关注的核污染问题,格拉切夫认为漂浮核电站的技术已经比较成熟,不会污染环境,也不会存在核泄漏的问题。有人可能担心核反应堆会将带放射性的物质排入海水,影响水中生物和人类的生存与安全。其实,这种忧虑是多余的,因为漂浮核电站和陆地上的核电站一样,都有专门的废水、废料处理措施和办法,绝不会把带放射性物质的废水直接排入海水中。在设计漂浮核电站的安全系统时,研究人员还考虑了可能的恐怖主义威胁,能防止有人未经许可就接触到电站中的裂变材料。

根据俄罗斯的初期目标,漂浮核电站主要用于靠近北冰洋的偏远缺电地区。一方面是为那里的居民供电,更重要的是为那里的石油开采公司和矿藏开发公司供电。如果某个区域经济和交通发展起来了,陆地上建成了发电厂,漂浮核电站可以航行到更为偏远的地区,满足那里人们的用电需求。

在南极和北极地区,建设发电站也是十分艰难的事情,漂浮核电站可以在极地的夏季航行到相关供电区域,为极地科学考察基地供电。目前,到极地旅游最大的困难之一就是缺乏能源,照明、供暖、洗浴、饮食、交通等都需要能源,极地旅游变得异常艰辛。如果极地地区能多些漂浮核电站,极地旅游将变得轻松有趣了。

便携式核电池寿命超长

如果有人叫你随身带个核电池玩玩,你肯定以为他是火星人。因为我们都知道,带核的东西是很可怕的,比如核武器、核潜艇。我们都想离核物质远远的,谁还敢随身带一个核电池,和它如此亲密接触。胆子别那么小! 美国一些科学家表示,可随身携带的小型核电池很快就要流行,那时这种电池就几乎是能无限使用的能量之源了。

核电池又叫"放射性同位素电池"。当放射性核原料衰变时,能够释放出带电粒子,如果正确利用的话,能够产生电流。通常具有放射性的原子核会发生衰变现象,在放射出粒子及能量后可变得较为稳定。核电池的主要优点就是不用充电,因为某些提供电能的同位素的半衰期非常长,比如,居里夫人发现的放射性元素镭的半衰期是1 640年,用来检测文物年代的碳14的半衰期是5 730年。而在半衰期内,它们会源源不断地放出能量。

此前,已经有核电池应用于军事或者航空航天领域。航天上所用的核电池在外形上与普通干电池相似,呈圆柱形,只是体积要大得多。在圆柱的中心密封有放射性同位素源,其外面是热离子转换器或热电耦式的换能器。换能器的外层为防辐射的屏蔽层,最外面一层是金属筒外壳。核电池在衰变时放出的能量大小、速度不受外界环境中的温度、化学反应、压力、电磁场等的影响。

虽然核电池早就造出来了,但是航天或军用的核电池往往体积很大。曾经有不少科学家研究过利用核能作为能源的便携式电池,但是一直难以突破核电池的体积问题。要使得微型可控核反应顺利发生,需要体积较大的外壳,这些核电池往往比电器的体积还大。因此,如何有效地减小核电池的体积成为科学家攻关的重点。美国密苏里大学计算机工程系的韩裔教授全再晚(音译)率领的研究小组在这方面取得了重大突破。他们研发出了小得如同一枚硬币的核电池。这种电池可以装入手机、音乐播放器等随身小电器中,它的电量是普通化学电池的100万倍,可以连续5 000年为一部手机供电。

大多数核电池通过固态半导体截获带电粒子,因为粒子的能量

非常高,所以半导体随着时间的推移将受到损伤,为了能让电池长期使用,核电池被制造得非常大。全再晚等人开发出的小型核电池使用某种液态半导体,在带电粒子通过时并不会对半导体造成损伤,所以他们得以进一步将电池小型化。

由于对核能的忌惮,核电池一直被认为不适合民用。这次小型核电池的成功研制,无疑推动了核能的普及,说不定不久的将来就会出现核能冰箱、核能电子计算机、核能洗衣机等,家用电器也就可以"无绳化"了。尽管核电池最核心的部件都是由放射性物质制成,但是由于它有坚固的防辐射层,不会有任何核泄漏的危险。

就像现有的手机电池使用不当会爆炸一样,如果核电池使用不当,或者人为损坏,也会出现比一般电池泄漏更可怕的放射性污染。早期的一些大型核电池已经发生过核泄漏事故。1964 年,一枚导航卫星运载火箭失灵,导致卫星上的钚核电池爆炸,所释放的放射性物质散落全球。随着技术的进步,近年来已经没有核电池泄漏事故出现了。

全再晚教授表示:"人们一听到核这个词就会感觉非常危险。但是事实上,核能不但可以用于人造卫星等前沿科技产品,也可以安全地用于人们的生活电器中,目前核电池已广泛应用于人体内的心脏起搏器中,使人们免受更换电池之苦。"科学家还在继续努力研制出更小的核电池,希望有朝一日能用在纳米级微型装置上。到那时,核能将在人们的生活中更加普及。

让垃圾为我们点灯

随着世界经济的发展和人口的增多,工业垃圾和生活垃圾越来越多。目前,全球年产垃圾近 500 亿吨,人均年产垃圾约 8 吨,每天人均产垃圾 20 多千克,听起来很吓人吧? 当然,这个平均数包括了工业垃圾。垃圾真的是让人头痛的东西。不过,随着科技的发展,科学家却能让垃圾变废为宝,点亮万家灯火呢!

目前,处理垃圾主要有三种方法,最原始的方法是把垃圾掩埋或堆积起来,就像我们在郊区的垃圾场里见到的情形;还有一种方法是让微生物或蚯蚓来分解垃圾制造肥料;另外就是焚烧,但是大量的垃圾焚烧会产生热量和废气,对大气产生污染不说,还会增加温室效应。于是,科学家想到用焚烧垃圾产生的热能来发电。

焚烧垃圾发电和一般的热电厂发电的化学原理差不多,就是把垃圾中的有机可燃物分离出来,让它们和充足的氧气发生氧化反应,产生大量的燃烧热,再将这些热能转化为电能。

城市有大量的生活垃圾和工业垃圾,农村也有大量的生活垃圾和农业垃圾。所谓农业垃圾,就是废弃的稻草、玉米秆、麦秸等。以前农民们把这些废弃的农作物的茎叶直接烧在地里作草木灰肥料,但是直接焚烧会污染空气。中国曾发生好几起因农民在田里擅自焚烧麦秸而影响飞机航线的事件,原因是焚烧麦秸对大气的污染太大,使飞行员不能辨清方向。如果能收购这些农业垃圾去焚烧发电,将是一举两得的好事情。

除了焚烧发电,其实垃圾经微生物处理后也是可以发电的。微生物在处理垃圾时可以产生沼气,也就是最简单的有机化合物甲烷,再利用沼气发电。首先是要挖一个巨大的相对密闭的垃圾沼气田,让微生物在里面分解垃圾,产生沼气。每吨生活垃圾可以产生400立方米的沼气。然后再用沼气进行发电,所发电量并入电网供人们使用。利用垃圾产生的沼气发电技术比较成熟,而且投资少,使用方便。

目前,垃圾发电发展缓慢,主要原因还是环境污染问题,焚烧发电会产生一些含有硫、氯等元素的有毒废气,还有燃烧不够完全产生的一氧化碳等毒气。日本研制成功一种超级垃圾发电技术,采用新型汽熔炉,将炉温升到 500℃,炉内压强增高到 9.8 兆帕,发电效率也由过去的 10% 提高为 30% 左右,最高的可达 36%,有毒废气排放量降为 0.5% 以内,低于国际规定标准。

随着科学技术的不断发展,我们相信科学家可以完全地把垃圾转换成电能。到了那时,垃圾发电的事业就蓬勃发展起来,巨大的垃圾场消失不见,我们的生活环境将变得越来越美好。

用宠物粪便发电

　　随着城市里养宠物的人越来越多,宠物粪便也越来越引起环保部门的重视,因为宠物不会上厕所,它们在外面玩耍时常常随地大小便,严重影响了市容。2010年,美国旧金山市的一些环保专家建了一个宠物粪便发电站,通过收集宠物粪便来变废为宝。

　　旧金山市环保部门的统计数据显示,该市约有12万只狗、10万只猫;在旧金山的垃圾中,有3.8%是猫狗及其他宠物的粪便,仅狗粪一年就累计达6 500吨。市民对宠物的粪便怨声载道,因为宠物粪便不但影响市容,而且容易散发臭味,传播疾病,影响人类的健康。

此外,宠物粪便还是地下水的主要污染源之一。旧金山市在城市垃圾的循环利用上一向走在世界前列,而眼下环保部门又开始清理起怨言越来越多的宠物粪便,他们投资 100 万美元,建立了全球首个宠物粪便发电站。

建立宠物粪便发电站首先得考虑成本,如果像以前那样派专人到城市的大街小巷去收集粪便,不但成本高,而且对市容改观较小。因此,旧金山市的环保部门学习波兰伍德日市的经验,先建立若干个宠物公园。环保部门号召市民们不要再把宠物带到马路、绿地、公园等公共场所去玩耍,而是带到附近的宠物公园。这样不但让市容有所改观,还有利于收集用于发电的宠物粪便。

从宠物公园里收集好的宠物粪便被运送到发电站,倒入一个叫作"甲烷蒸煮器"的装置中,该装置内生活着很多昆虫和微生物,它们可将宠物粪便分解掉,然后再排放出最简单而且也是最容易燃烧的有机化合物甲烷。接下来,人们会把这些甲烷收集到一起加以燃烧,用来发电;或者直接让这些甲烷进入天然气管道,向城市家庭供气。像旧金山这样建立较大的宠物粪便发电站,对世界各地的大城市都有一定的借鉴意义。

其实,用动物粪便发电不是什么新鲜技术。早在 30 多年前,美国的一些大型养鸡场、奶牛场、动物园等动物粪便集中的地方,就出现了一些小型的动物粪便发电机,可为小片区域提供电能。比如,美国罗萨蒙吉福动物园就利用大象的粪便发电。这座动物园以养殖亚洲象的计划而全球闻名。园方正在考虑将动物粪便作为替代能源的可能性,以减少每年 40 万美元的取暖及电力费用。动物园园长贝克女士说,动物园中的六头大象每天制造 450 千克以上的粪便。动物园把大部分的动物粪便送到本地一座农场处理,处理费用每年约 1 万美元,而在运送过程中还要使用更多的燃料。

贝克指出，由于大象的主食是干草，所以是最理想的发电原料制造者。此外，它们的消化并不完全，因此粪便中的能源成分较高。园方也打算利用其他动物的粪便，例如，野牛和北美驯鹿，甚至包括狮子和老虎。根据不同的程序，这些动物的粪便可以用来制造甲烷或氢，供燃料电池或发电机使用。

开发煤矿瓦斯

每年，世界各地都会发生多起煤矿爆炸事故，这些事故不少是由矿井中的瓦斯燃烧引起的。在许多影视剧中，我们也可以看到一旦煤矿瓦斯泄漏，矿井内外就会响起惊心动魄的警报。一些化学家表示，瓦斯其实是很好的能源，如果我们能很好地利用瓦斯，就能变害为利。抽取煤矿中的瓦斯是解决矿难的好方法，这不仅可以减少瓦斯爆炸事故的发生，而且抽取出来的瓦斯可以用来发电。

瓦斯事故已占到中国煤矿事故总数的 80% 以上，造成的伤亡占到特大事故伤亡人数的九成。瓦斯爆炸的破坏力源于它能产生巨大的能量，所以，一个比较直接的减灾措施就是把瓦斯利用起来，这样不仅可以减少危害，还可以造福人类。据能源专家预测，瓦斯是一种正在崛起的新型能源，被认为是煤炭、石油、天然气之外最大的接替能源。

瓦斯又叫"煤层气"，是一种非常规天然气。瓦斯的危害性主要体现在以下两个方面：一是瓦斯容易爆炸，严重威胁矿工的人身安全；二是采煤产生的瓦斯排放到大气中会引起温室效应，污染环境。

令人忧虑的是,随着开采深度的延伸,矿井里的瓦斯含量逐渐增加,防治难度会更大。采煤深度每增加 10 米,作业面温度就升高 1 ℃,煤层压力增大,瓦斯爆炸的可能性也就增大。

甲烷是瓦斯的主要成分,通常占到总量的 90% 以上。在常温下,瓦斯的燃烧值为 34 ~ 37 兆焦／米^3,与天然气的燃烧值相当,是一种很好的高效清洁气体燃料。甲烷是造成温室效应的三种主要气体(甲烷、二氧化碳和氟氯烃)之一,引发温室效应的作用比二氧化碳强 20 多倍。甲烷排入大气,不仅会造成大气增温,而且还消耗大气层中的臭氧,削弱臭氧层对太阳紫外线的吸收作用,危害人类健康。

中国是世界上第三大瓦斯储量国,瓦斯资源储量很大,埋深 2 000 米以内的煤层中含瓦斯的总量达 30 万亿～ 35 万亿立方米,大体与中国的天然气资源总量相当。中国瓦斯发电的经济效益也相当显著。如果是甲烷含量达 100% 的 1 立方米瓦斯,则可以发出 3.2 ~ 3.3 千瓦·时电;如果是甲烷含量为 30% 的 1 立方米瓦斯,则可以发出 1 千瓦·时电。中国瓦斯的年抽放量可达到 42 亿立方米,如果这些瓦斯能被全部利用,相当于增加 570 万吨标准煤,可缓解能源紧张的局势。

目前,世界各国已经有不少公司成功地利用瓦斯来生产再生能源。据了解,美、英、德、澳大利亚等国早就开始了瓦斯应用的商业化道路。美国于 1976 年开始了瓦斯的开发利用工作,是世界上率先进行瓦斯商业化开发的国家,也是迄今为止瓦斯产量最高的国家。

英国煤矿历史上约有 15 000 人死于瓦斯爆炸事故,最严重的一次是 1913 年 10 月 14 日发生的瓦斯爆炸事故,死亡 439 人。但从 1979 年以来,就再也没有发生瓦斯爆炸死人事故,这与严格执行瓦斯抽取制度相关。英国生产矿井的瓦斯抽取率达到 45% 以上,抽出的瓦斯全部被利用,大多用于发电。这样做不仅获取了新的洁净能源,同时也减少废弃矿井向大气泄露瓦斯,减少了对环境的污染。

储量巨大的非传统石油

从几十年前起,一些能源专家就在为可能出现的石油危机忧心忡忡。然而,还有一些能源专家对未来却比较乐观,因为他们发现石油耗光之后,人类还有非传统石油好用。据国际能源署统计,非传统石油的储量达到 90 000 亿桶,几乎是人类迄今为止消耗的石油总量的 9 倍。

非传统石油究竟是什么油?其实它不是油,而是那些地底下可以生产石油的石头或砂子。传统石油是指从地下深处开采的棕黑色可燃黏稠液体。由于深埋在地球高压储藏区,因此开采相对容易,钻开油井后,石油会自己喷射到地表。除了传统石油外,沥青砂、油页岩等也可用来生产加工石油。

沥青砂是指富含天然沥青的沉积砂,也称为"油砂"。通过加氢或去碳的方法对沥青砂中的沥青进行改质后,可用常规的原油加工工艺生产出石油和石化产品。油页岩是一种高灰分的含可燃有机质的沉积岩,和石油一样,是由生物的残体混同泥沙而形成的。这些非传统石油的储量十分丰富,甚至超过了传统石油的资源量。

既然非传统石油这么多,为什么以前没有大规模去开发它呢?道理很简单,打口井石油就冒出来了,而要从油砂或油页岩中榨出石油来,就费事多了。容易开采的石油快用光的时候,我们才会去开采那些费事的非传统石油。

事实上,非传统石油开发利用的难度比我们想象的还要大,开发过程中需要消耗大量的能源和水。因此,时至今日,非传统石油每天的产量并不多。不仅如此,由于它们耗能巨大,每生产一桶原油的碳排放量也比传统石油高。不过,这种情况正在逐渐改变。随着对石油短缺以及由此带来的一系列问题的关注度越来越高,各国开始大量研发提高非传统石油开采效率的新技术。

开发和利用非传统石油最直接的方法是对沥青砂进行露天开采。然后,将采掘出来的沥青砂粉碎后用高温碱水冲洗,再用过滤法分离油和砂,用离心机分离油和水,最后再炼制成油品。但是,开采和加工粗糙的沥青非常昂贵,而且需要大量的水。更糟糕的是,开采深度不能超过 75 米,能开发的储量很少,只有总储量的 20%。

于是,人们开始采用蒸汽辅助重力泄油技术,这是目前开采沥青砂最成熟的技术之一。在注汽井中注入蒸汽,蒸汽在地层中形成蒸汽腔,蒸汽腔向上及侧面扩展,与油层中的原油发生热交换,加热后的原油和蒸汽冷凝水靠重力作用泄到下面的水平生产井中产出。这比挖掘开采更便宜,耗水量更少。

后来,研究人员又提出了一种新方法,可大大减少沥青提取技术对环境的污染。这种方法改用电加热沥青,被称为"电热动力剥离过程"。电流通过地下水在油井间传导,土壤发热使沥青液化。液体沥青流入中心的油井并输出。由液体沥青带出的水全部被重新注入土壤中,以维持土壤导电性。

至于对油页岩进行开采,其实并不是一项新技术。在石油工业还未发展的 19 世纪后期,油页岩就被用来生产石油。其原理是将岩石加热到 500℃,直到它分解成人造原油和固体残留物。传统的方法是将油页岩挖出,然后放到一个巨大的炉子中加热,这是一个昂贵的、高耗能的过程。于是,人们开始采用类似于开采沥青砂的原地生产方法。大量的技术被用来在地下加热油页岩,如微波、高温气体注入等。这些加热技术产生了一个可以用传统方法开采的油库。

那么,非传统石油能否取代传统石油呢?目前,大多数分析家认为,虽然非传统石油储量巨大,但是新技术要想起到实质性作用还需要几十年。不过,作为传统石油资源的补充,随着新技术的不断完善,非传统石油将有望肩负起化解石油危机的重任。

可怕的化学

kepadehuaxue

"漏"了的臭氧层

中国自古就有"女娲补天"的传说。如果天塌了下来,那将是最重大的事件了。古人眼中的"天"实际上就是我们头顶的大气层。现在,天倒没有塌下来,却"漏"了,这个漏的地方就是南极的臭氧洞。

在我们所居住的地球周围,环绕着一层大气,这层大气是地球产生生命的基本要素之一。大气中的主要成分是氮和氧,也有少量的氩、二氧化碳、水蒸气和臭氧等。大气中臭氧的含量相当低,不到大气总量的百万分之一。然而,这百万分之一的臭氧对地球生命来说却是不可缺少的。臭氧层能吸收太阳光中的大部分紫外线,太阳光穿过臭氧层后,紫外线的含量就很低了,这样就可以防止地球生命受到紫外线的直接侵害。

包围着地球的大气,其特性会随离地的高度不同而有所变化。科学家按照气温随高度的变化情况,划分了大气的垂直结构。最接近地表的是"对流层",其次是"平流层""中间层""热层"和"外大气层"。在离地10～50千米的平流层中,集中了大气中90%的臭氧,其中在离地20～25千米高处,臭氧浓度值达到最高,这个范围的空间被科学家称为"臭氧层"。

在数亿年以前,地球上的大气中没有臭氧层,地球的表面受到来自太阳紫外线的强烈照射,陆地上没有生物存在,仅有少数的生物生存在水中,因为水能吸收紫外线。水中的绿色植物不断吸收大气中的二氧化碳,放出氧气,扩散到大气中。一部分氧气扩散到大气的上层,受到紫外线的作用后,发生化学反应产生臭氧。这些臭氧越聚越多,就变成了一道屏蔽紫外线的臭氧层。臭氧层形成之后,地球生物才能从水中迁徙到陆地上,开始了多姿多彩的陆地生活。

早在 1896 年,人类就认识到二氧化碳在大气中的作用,而当时的人类对臭氧的作用却一无所知。直到 20 世纪 70 年代,人们才开始觉察到一些人为因素可能破坏臭氧层。当时,许多科学家和环保工作者担心,新兴的超音速航空器在平流层中排放的大量氮氧化物、硫化物和水蒸气会破坏臭氧层。1972 年,美国国家航空和航天局承认,航天飞机上的发动机曾将含氯的化合物直接排放到平流层,可能对臭氧层造成破坏。

1974 年,美国加利福尼亚大学的研究人员莫利纳和罗兰发表论

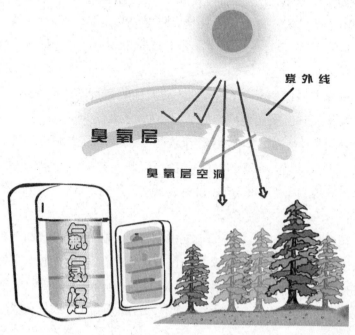

文称他们研究出了破坏臭氧层的科学原理,认为氟氯烃(即氟利昂)是破坏臭氧层的罪魁祸首。他们的论文发表后没有获得足够的重视,直到1995年,两人才因为这个重要的成果获得当年的诺贝尔化学奖。

在1974年以前,氟氯烃已经在工业上广泛应用,大概用了50年,1986年全球氟氯烃消费量就达113万吨。当时,氟氯烃主要作为制冷剂用在冰箱和空调中。另外,一些灭火剂也是用含氯、氟的化合物制成的。

人们所消费的氟氯烃至少有70%进入了大气中,几十年的排放导致大气中积聚了大量的氟氯烃,而这种化合物非常稳定,可以在空气中待上40～150年。大气中的氟氯烃慢慢上升到平流层,接受紫外线的照射后会分解而产生氯原子。氯原子的性质相当活泼,会与平流层中的臭氧发生化学反应,使之分解消失。根据实验数据显示,氯原子破坏臭氧的威力相当惊人,平均每一个氯原子通过化学连锁反应可以消灭10 000个臭氧分子。

调查显示,从1978年开始,全球各纬度平流层的臭氧含量降低了1.2%～10%。南极上空则是臭氧被破坏最严重的地区,在春季会出现臭氧浓度低于警戒值的区域,科学家把这些臭氧浓度低的区域叫作"臭氧洞"。南极臭氧洞产生于每年的10月左右,并在11月以后消失。从科学家发现南极臭氧洞开始,臭氧洞的面积在逐步扩大,2000年10月,南极上空的臭氧洞面积达2 900万平方千米。

莫利纳和罗兰两位科学家发表的氟氯烃破坏臭氧层的论文没有引起政府的重视,却引起了大众媒体的关注,《纽约时报》和《时代周刊》杂志对此作了大篇幅的报道。这样一来,大众开始兴起了抵制氟氯烃的运动。1985年,科学家通过卫星发现了南极上空的臭氧洞,再次引发了抵制氟氯烃的运动。这一年,国际环保组织举行会议,通过了保护臭氧层的《维也纳条约》。

1987年，国际环保组织通过了《蒙特利尔议定书》，限制氟氯烃的生产。从那以后，国际环保组织不断地修改保护臭氧层的议定书，加强对氟氯烃生产的限制。1995年以后，各国的氟氯烃生产基本停止。这些限制措施的效果还是很明显的，臭氧洞从1994年开始缩小。设在澳大利亚塔斯马尼亚州的观测站发现，大气中的氯含量已经稳定下来，现在正在下降。

二氧化碳之灾

你知道地球大气中二氧化碳的最大浓度是多少吗？它就是百万分之三百五十。"350"国际环保组织指出，百万分之三百五十是地球生命所能接受的大气中二氧化碳浓度的上限；超过这一上限，各种生物的生存会面临严重威胁。然而，现在大气中的二氧化碳浓度已经超出这个数值。目前的形势已经十分严峻了，全球温室气体不但超越上限，而且排放量仍然以每年3%的速度递增。新增的温室气体主要是人类工业生产排放的。研究人员表示，如果各国政府不正视二氧化碳排放引发的全球变暖，世界将遭遇前所未有的大灾难。1995年诺贝尔化学奖得主、德国大气化学家保罗·克鲁岑表示："为了人类的安全，到2015年之后，年均温室气体的排放量要比现在减少70%，才能避免灾害的发生。"

美国加利福尼亚大学的研究人员指出，上一次空气中的二氧化碳浓度像如今这么高出现在大约1 500万年前，当时大气中的二氧化碳浓度的百万分率大约为400。一些预测表明，如果不采取行动减少二氧化碳排放，21世纪末二氧化碳浓度的百万分率将升高至600，甚至900。这相当于5 500万年前大气中二氧化碳的浓度水平，而那时出现过一次全球性的大灾难。当时，地球各地的深海火山相继喷发，被冷冻在深海地壳下的几十亿吨甲烷和二氧化碳等温室气体随着火山喷发被释放到大气中，使得全球地面平均温度上升了5～6℃。结果，海洋由于溶解大量二氧化碳而变得很酸，大量海洋生物因此灭绝；海平面比今天的高出100米，除了少数高纬度地区外，地球上大部分陆地变成了沙漠，原本生活在这些地区的大部分生物逐渐灭绝。

全球变暖引发的灾难即使在今天也已日益明显，比如曾经在美国和澳大利亚肆虐的沙尘暴就是全球变暖引发的，各地日渐增多的森林大火与全球变暖也有关系，逐年增多的干旱和洪涝灾害也是全球变暖在捣鬼。美国宾夕法尼亚州立大学的研究人员表示，近20年来飓风的频繁活动与公元1 000年前后的情况非常相似，目前正处于千年来的又一个飓风高发期，且全球变暖还可能进一步导致飓风活动增加。全球变暖已经超越环境污染成为头号环境问题。

世界各国已经认识到全球变暖对人类前途可能导致的灾难性打击。各国政府开始积极发展着眼于减排的低碳经济。这种经济概念的出现与气候变化和能源安全两大主题密不可分，它是以低能耗、低污染、低排放为基础的经济模式，是人类社会继农业文明、工业文明之后的又一次重大进步。目前，低碳经济正成为各国应对气候变化挑战、保障未来能源安全的重要战略选择，也成为世界主要经济体抢占未来经济制高点的重要路径。

烟花,看上去很美

每逢春节,中国各地都有燃放烟花和鞭炮的习俗。烟花,看上去很美;鞭炮,听起来热闹。然而,每当春节的时候,燃放烟花和鞭炮的地区就弥漫着一股浓烈的臭臭的火药味,令我们的呼吸不畅。烟花和鞭炮会污染空气,是不少城市的人口密居区禁放烟花和鞭炮的原因之一,这是出于环境保护的目的。

烟花和鞭炮的原料就是火药。火药是中国四大发明之一。火药,最初作为药使用。据《本草纲目》记载,火药有祛湿气、除瘟疫、治疮癣的作用,从"火药"两字中的"药"字即可见一斑。火药的发明时间说法不一,据一些专家考证,大约在9世纪中国人发明了火药。19世纪以前,火药主要用于制造冲天炮和鞭炮。后来,化学家发现一些新的金属化合物可以发出多彩的光亮,烟花由此出现。这些令烟花多彩的化合物中含有钡、锶、铜等多种重金属元素,烟花燃放之后,这些重金属元素会扩散到空气、土壤和水源中,危害人们的身体健康。

在烟花的发展历史上,最有名的污染物是产生蓝光的巴黎绿。烟花制造者发现蓝光很难获得,虽然铜的盐类会放出蓝光,但铜盐会与火药中的氧化剂氯酸钾形成极具爆炸性的氯酸铜,而使烟花不易贮存和搬运。另外一种稳定的铜盐是巴黎绿,其学名是醋酸铜合亚砷酸铜,曾经有一阵子被广泛添加到烟花中产生蓝光。但是,巴黎绿中含有砷元素,燃烧时会产生毒性很强的氧化砷,曾经让很多人出现慢性中毒，甚至患上皮肤癌，因而这种烟花很快就被禁止使用了。

烟花和鞭炮的毒素不仅会释放一些有毒的重金属化合物，还会产生其他污染。首先，它们会产生噪声污染。每逢农历大年三十的晚上，不少地方的爆炸声会彻夜响个不停，令人难以入睡。此外，爆炸声还会危及动物。

其次，烟花和鞭炮在燃放时会产生污染大气的化合物。我们闻到的硝烟味是由烟火中硫和氯产生的，主要是二氧化硫、硫化氢、三氧化二氯。这些气体对我们的呼吸系统、神经系统和心血管系统有一定的损害作用。空气中二氧化硫的浓度过高时，会刺激呼吸道黏膜，伤害肺组织，引起或诱发支气管炎、气管炎、肺炎、肺气肿等疾病。

烟火中的碳在不完全燃烧时，会产生有毒的一氧化碳。当硝烟弥漫时，一氧化碳能与人体内血红蛋白结合，造成人体缺氧，发生中毒症状。烟火中的氮燃烧时会转化为一氧化氮和二氧化氮。这些含氮氧化物经太阳光紫外线照射，发生光化学反应，产生一种光化学烟雾，它是一种有毒性的二次污染物，会刺激人的眼、鼻黏膜，从而引起

病变,还会导致人出现头痛症状。

烟花和鞭炮的危害除了污染之外,还存在安全隐患。它们在制造、储存和运输的过程中常发生集中性爆炸,酿成大的安全事故。在燃放烟花和鞭炮时如果附近有大量其他可燃物,可能导致火灾发生。

正是由于烟花的污染比较大,也比较不安全,有人发明了干净且安全的冷烟花。冷烟花依靠自身药剂燃烧时产生声、光、色、火花,形成绚丽多姿的烟花效果及艺术造型,观赏效果极佳。冷烟花燃放时无烟、无毒、无刺激性气味、无残渣,对人体无害,是一种"环保型烟花"。冷烟花在生产和燃放时不会产生爆炸,火花区不会引燃其他可燃物,安全性较高。

缺氮沙漠越来越荒凉

为什么沙漠是不毛之地?除了干旱缺水外,美国研究人员发现沙漠土壤中缺乏植物所必需的氮元素也是原因之一。

我们都知道,沙漠是地球上最荒凉的区域之一,那里很少有植物能够生存下来,依靠植物生活的动物也因此罕见。为什么沙漠如此荒凉?按照我们一贯的理解是,沙漠缺乏生命所需的水,所以鲜有生命能在那些地区生存。2009年,美国康奈尔大学的研究人员却发现,不少沙漠地区并非干得不能生长植物,而是因为土壤的肥力不够,缺乏植物赖以生存的氮所致。而且,令人担忧的是,随着气候不断变暖,沙漠地区土壤中含量少得可怜的氮元素还会从化合物中分解出来,变成氮气,以气体的形式大量流失,从而导致生长在沙漠里的植物越来越少。

研究人员在美国莫哈韦沙漠地区选了几处试验点,通过精密测量仪器了解土壤中的氮是如何随着周围气温升降而变化的。研究发现,不管有没有阳光照耀沙漠,当土壤温度达到 40 ～ 50℃的高温时,土壤中的氮会以气体形式迅速释放出来。而在沙漠中,地表温度达到 40℃以上是习以为常的事情,每天都有数小时的地表高温。研究人员还发现,地表温度越高,沙漠土壤释放氮的速度越快。因此,随着全球变暖加剧,沙漠的气温和地表温度将越来越高,土壤中的氮也将越来越少,沙漠会变得越来越荒凉和贫瘠。

研究人员还表示,除了沙漠地区,世界任何高温干旱的地方都可能出现类似的情况,因此应该加以关注。近年来令农林业科研人员头疼的现象也由此找到了原因,他们在干旱地区种植实验田地,虽然确保了充分的水和肥料,但是土地的出产还是不如人意。原来,干旱地区土壤的肥力本身不如气候温和的地区,需要付出更大的代价才能和气候温和地区有相同的农林物产。

以往的研究表明,土壤中的氮是植物生长过程中除水之外的第二大必需营养物质。虽然全球变暖可让沙漠和其他干旱地区的降水比以往稍微增多一点,但是这只能带来临时性的草芽萌生,并不能阻止沙漠化进程的加快,更不可能带来多样化的绿洲生态。全球变暖在沙漠地区导致的损失比收获要巨大得多。

干旱地区的氮元素不但从土壤中偷偷溜走,而且很难再回到土壤之中。在气候温和地区,氮元素在土壤和大气中的循环是平衡的,当地土壤中的一部分氮元素虽然也会通过分解或植物收割流向大气,但雷雨天时,空气中的氮气会在雷电的作用下变成氮肥回到土壤中。而干旱地区很少会有雷雨天气,也就很少会有氮再返回到土壤中。因此,干旱地区的氮平衡被恶劣的气候所打破,从而进入一种恶性循环中。正因为干旱地区氮的流失是不可逆转的,我们花再大的代价,比如不计成本地往其中施放氮肥,也不可能让沙漠变成绿洲。除非,我们可以让沙漠地区的地表温度降下来。

海洋死区不断扩张

绝大多数动物的生长都需要氧气,如果没有氧气,动物就会窒息而死。陆地上的动物如此,海洋中的动物也如此。然而,海洋生物学家发现,由于人们对海洋环境的破坏,海洋中出现越来越多的低氧区,那里的海洋动物由于缺氧而死。科学家称这些低氧区为"海洋死区",这样的死区越来越多,已经严重威胁海洋生态和渔业的健康发展。

以前的海洋处处生机勃勃,从未有死区的报告。然而,从1910年发现第一块海洋死区以来,到2008年近100年已经发现了405个海洋死区,总面积达25万平方千米。其中面积最大的海洋死区在美国密西西比河河口,面积达7万平方千米,相当于新泽西州的大小。

美国弗吉尼亚海洋研究所的罗伯特·迪亚兹的研究团队牵头对全球海洋死区进行研究。他们从20世纪80年代中期开始,在1995年首度对全世界305个死亡区域进行复审。研究发现,截至1980年全球也只有162个海洋死区,1970年只有87个,1960年只有49个,而最早报告海洋死区的1910年仅有4个海洋死区。

由此可见,海洋死区的数量和面积有加速增长的趋势。每年全球海洋死区的增长率为5%,死区的蔓延已成为全球沿海生态系统的主要威胁。在海洋死区中,海洋生物不容易存活,尤其是鱼类和螃蟹、虾等甲壳类动物更为脆弱。海洋死区的扩张威胁到渔业的捕获量,进而对依赖渔业为生的全球数亿人口构成重大威胁。

海洋死区的形成是海藻泛滥导致的。大面积的海藻与陆地植物不一样,陆地植物会增加空气中的氧气含量,而海藻的产生却会消耗海水中的氧气。海藻在生长过程中也会像陆地植物那样吸收二氧化碳放出氧气,但是海藻的生长很快并不断死亡,然后沉入海底并腐败,成为海底泥滩中细菌丰富的食物来源。细菌在对这些有机物质进行分解时,会消耗周围水域的氧气。根据科学家的计算,海藻生长中产生的氧气要比细菌消耗的氧气少得多,结果导致相应水域成为死区。

海洋中海藻过多的原因并非自然原因,主要是因为人类活动对海洋环境的污染。人们把大量的污水排入江河中,这些污水则顺着江河进入了大海。这些污水中富含海藻疯狂生长所需的营养物质,主要包括农场溢出的肥料、厨房污水中的有机物质、动物粪便及燃烧化石燃料产生的污染物等。海洋死区中的细菌也会直接从这些有机污染物中吸取养分,消耗海水中的氧气。

导致海洋死区的另外一个原因是全球变暖。因为氧气在温水中溶解度会降低,随着气温不断升高,海水中的溶解氧量也随之降低。海洋中的部分区域曾经是季节性的死区,主要是在海藻疯长和气温较高的夏季。如果过了这个季节,那里又会适合一些生物生存。然而,如果有机污染物持续排入,那里的海域就成了难以恢复的永久死区。

海洋死区最早出现于北半球纬度较高的沿海地区,如美国东岸的切萨比克湾,以及北欧斯堪的纳维亚湾等,这是因为那里的污染比其他地区严重。然而,随着全球变暖的加速,南半球地区的经济发展,工农业生产和城市活动中排出的有机污染物也增多,后来南美洲、非洲和大洋洲的沿海地区也发现了海洋死区。

迪亚兹表示,要减少海洋死区,保障海洋生态和渔业安全,就必须保护好我们的生存环境。减少海洋死区的关键是不要让陆地上的大量有机污染物随着废水排入大海,尤其是不要让可以使海藻疯长的氮肥进入大海。海洋是地球生命的摇篮,也是地球可持续发展的重要一环,我们需要一片生机勃勃的海洋,而不是一片逐渐走向死亡的海洋。

海水为何成毒水

海洋往往是辽阔纯净的象征。然而,环保专家的监测表明,海洋变得越来越肮脏。可以说,海水正在逐步转变为"毒水",许多海洋生物的灭绝或数量减少都与此相关。在各种各样的海洋污染物中,持久性有机污染物罪过最大。

研究表明,生活于太平洋中的抹香鲸体内累积了大量的持久性有机污染物,即便是那些生活在人们认为尚未受到污染的太平洋中部的抹香鲸也难以幸免。由于海洋是地球水域的集中地,这个研究结果表明全球的水域环境已经受到有机污染物的严重破坏。

人类对海洋的污染是触目惊心的。人类生活的各种污染物、垃圾和化学物质,尤其是持久性有机污染物已经把人类最大的环境——海洋深深地污染了,使得海水在一定程度上变成了"毒水"。与常规污染物不同,持久性有机污染物在自然环境中滞留时间长,很难降解,毒性极强,能导致全球性的污染传播。这类污染物通过直接或间接的途径进入人体,会导致生殖系统、呼吸系统、神经系统等人体器官中毒、癌变或畸形,甚至死亡。

新的研究成果是科学家利用一艘名为"奥德赛"号的环球科学考察船获得的,该船具有钢制的船体,长 90 米。美国海洋联盟的科学家乘坐"奥德赛"号从美国加利福尼亚州的圣选戈市出发,对全球海洋食物网的污染状况进行了调查研究。船上的 12 名成员对散布于全球各海域以鱼和巨型乌贼为食的抹香鲸进行了研究。他们发现,这些大型海洋哺乳动物的肌肉纤维内积累了大量的有机污染物,因此它们就像是全球海洋健康的指针。

研究人员用弩射击船周围的抹香鲸,在不造成伤害的前提下,用弩箭刮掉它们身上一小块皮肤和鲸脂。接着,波特兰南缅因州大学的毒理学家塞林娜·哥达德对采自 424 头鲸的样本进行了分析。她的初步研究结果表明,在墨西哥大陆西海岸与加利福尼亚州巴加地区间的考特斯海域中,所研究鲸体内的细胞色素 CYP1A1(一种用于化解毒素的酶)的含量,比距陆地几千千米远的海域中鲸体内的含量要高出将近两倍。这说明考特斯海域内的持久性有机毒物的含量较高,污染严重。

研究人员表示,在鲸体内发现累积的持久性有机污染物后,人类的食物世界几乎找不到一块净土了。当我们吃下那些带有大量杀虫剂残余的海洋生物和食品时,不可避免地会导致中毒和产生许多并发症,这种食物链的污染是很难切断的。反过

来，海洋污染又会累及陆地，在世界一些地方有毒的海洋鱼类和植物也对陆地造成污染，并对人的生存形成威胁。海洋联盟的主席及首席生物学家罗杰·佩恩说："不论是哪里的海洋，甚至包括极地的海洋，其中的动物都受到了持久性有机污染物的危害。"

在联合国环境规划署的主持下，从 1998 年以来，世界各国政府举行了一系列官方谈判和协商，并于 2001 年 5 月达成共识，在瑞典首都斯德哥尔摩签署了"关于持久性有机污染物的斯德哥尔摩公约"（简称"斯德哥尔摩公约"）。这个公约决定在全世界范围内禁用或严格限用 12 种对人类和其他生物及自然环境危害最大的持久性有机污染物，它们分别是艾氏剂、狄氏剂、异狄氏剂、滴滴涕、七氯、氯丹、灭蚁灵、毒杀芬、六氯苯、二噁英、呋喃以及多氯联苯。2009 年 5 月，在公约的第四次缔约方大会上，又有 9 种污染物被列入其中。

在关于海洋哺乳动物体内有毒物质的研究中，曾经被农民大量施用的农药滴滴涕是首要污染物，排名第二位的则是多氯联苯。滴滴涕会导致人们患胃肠消化道疾病和哮喘、支气管炎等呼吸道疾病。接触过滴滴涕的哺乳期妇女的乳汁中含有滴滴涕残留物，会影响到婴儿的生长发育。多氯联苯是一系列不同含氯量的化合物的混合物，被广泛用于生产电力、电磁和液压设备，以及绝缘油、阻燃剂、导热剂、液压油、增塑剂和无碳复写纸。

射线很恐怖吗

曾经有很多关于放射性的恐怖故事。某地方，某人捡到一个闪

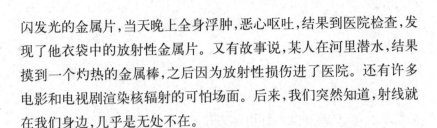

闪发光的金属片,当天晚上全身浮肿,恶心呕吐,结果到医院检查,发现了他衣袋中的放射性金属片。又有故事说,某人在河里潜水,结果摸到一个灼热的金属棒,之后因为放射性损伤进了医院。还有许多电影和电视剧渲染核辐射的可怕场面。后来,我们突然知道,射线就在我们身边,几乎是无处不在。

那么,什么是放射性呢?放射性是指原子核自发地放出各种射线的现象,这些射线包括 α 射线、β 射线、X 射线、γ 射线、中子射线等。具有放射性的物质称为"放射性物质"。在剂量较大时,射线可以在几小时内杀死一头大型动物;在小剂量时,它可以导致癌症,令人慢慢地死亡。

现实中,我们都不停地遭受着天然的和人工的放射性轰击,它们来自天空、来自大地、来自我们吃的食物和呼吸的空气。实际上,每秒钟有 100 多条宇宙射线穿过我们的身体,我们吸入的空气中也有一些放射性原子在肺里衰变,每天有几千个放射性原子随着食物和饮水进入我们体内,分裂并轰击着我们的身体。与此同时,还有许多来自土壤和建筑材料的射线进入我们的身体。

现在,你该开始害怕了吧?其实完全不必担心,真正能影响健康的射线并不多,而且放射源离一般人也是有一定距离的。根据有关国际规定,对于从事放射性工作的职业人员,年有效放射剂量当量限值为 50 毫希;对于公众,年有效放射剂量当量限值为 5 毫希。我们一

般人的生活环境的放射剂量都是在 5 毫希以下,我们的身体能够有效地抵御微量的辐射。

射线可以直接破坏 DNA 分子内的化学键,从而引起基因损伤。如果关键基因受了损伤,细胞就残缺了,甚至被杀死了。但人体内有成亿的细胞,低水平放射性引起的损害并不要紧。如果控制生长的基因被破坏了,那么细胞就可能不受控制地分裂,进而变成潜在而致命的恶性肿瘤。当然,细胞并不是无能的,在某种程度上它们可以修复自己的 DNA。即使在没有射线的情况下,体内的每一个细胞每小时得承受 5 000 ～ 10 000 次 DNA 损害事件,这些损害是在自由基入侵过程中发生的,而自由基是细胞内反应的副产品。所以,细胞能适应低剂量的放射性环境。

作为一种自然现象,射线从宇宙诞生之时起就存在,充斥着整个宇宙空间。在我们所居住的地球上,到处都存在着天然放射性核素。这些放射源一般是很难避免的。例如,宇宙射线是来自太阳和外太空的高能质子和电子,宇宙射线在海拔较高的地方更强烈,因为它们被大气层逐渐吸收,所以飞行员、空姐和居住在高海拔地区的人接受的放射剂量更多。宇宙射线在室内的强度比室外约低了 20%,因为建筑材料可以吸收宇宙射线。

我们每天都吃下、饮用和吸入了不少放射性物质。放射性元素,尤其是钾 40 在个别食物中是非常富集的,所以食用了大量这种食物的人会接受远高于平均值的放射剂量。一些地方的饮用水中也含有放射性同位素。岩石和土壤中的铀和钍衰变形成放射性气体——氡。氡渗漏到大气中,被人们吸入体内,进而危害着人们的肺。

一般人大部分时间是在室内度过的,因此室内放射性水平的高低自然值得我们关注。室内放射性污染大多来自装饰材料,过量采用辐射高的装饰材料(主要是天然石材) 可能危及健康。天然石材取

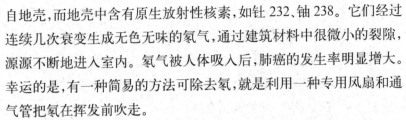

自地壳,而地壳中含有原生放射性核素,如钍232、铀238。它们经过连续几次衰变生成无色无味的氡气,通过建筑材料中很微小的裂隙,源源不断地进入室内。氡气被人体吸入后,肺癌的发生率明显增大。幸运的是,有一种简易的方法可除去氡,就是利用一种专用风扇和通气管把氡在挥发前吹走。

我们已经谈论了射线的一些危害,你的心理负荷是不是增加了? 不要紧张,下面来看看射线带给我们的好处。射线最大的工业应用在于材料方面,尤其是聚合物的改性,射线可以用来促使聚合物内小分子的聚合,或改变聚合物中的化学基团,使聚合物变硬或提高它们的熔点。射线还有一个重要用途是医疗器械的消毒。许多一次性使用的医疗器械(注射器、解剖刀等)是用射线来消毒的。由于射线能轻而易举地穿透塑料或纸质包装,器械就可以在包装好后进行消毒,并且能保持无菌直到包装打开之时。另外,射线还可以用于食品加工业,利用射线可以减少食品中有害细菌的数量,从而延长食品的储存期。

一份人体化合物的分析报告

工业化刺激了资源与能源的开发,带动了现代化学的发展,给我们带来了很多便利,例如,不粘锅、透气衣服、多功能运动车上都有新型化合物的身影。与此同时,工业化也产生了包括甲基汞在内的大量有毒有害物质。它们随着空气扩散和水体流动,造成区域和流域的生态与环境问题日趋严重。土壤、水体和食物链被污染,严重影响了人体健康。

人类为享受种种现代工业带来的便利付出了高昂的代价。人们已经发现了很多危害巨大的有害物质。然而，新化合物还在不断地出现，它们的副作用我们还不得而知。所有这些化合物都有可能在我们身体内积累起来，有的甚至会停留很长时间。

戴维·邓肯是一名美国记者。2005年秋天，他得到资助，进行了一次全面的身体检查。检测项目包括可能从饮食、呼吸甚至皮肤接触而吸收进体内的320种化合物。可以说，这是一份个人日常生活的化合物档案。其中，既有比较老的化合物，如滴滴涕、聚氯联二苯、铅、汞和二噁英，也有一些新型的除草剂和塑料的成分，还有现代生活中必不可少的东西，如洗发香波、不粘锅涂料以及防水和防火的纤维。

这次检查花费不菲，大约需要15 000美元，而且世界上只有少数几个实验室拥有这样的检测技术。通过这次实验，我们可以看到一个典型的美国人一生中会在体内积累哪些化学物质，它们是从何而来。而且，我们还可以思考这些化合物给人类带来的是危险，还是好处，或者是不确定的东西。

瑞典斯德哥尔摩大学的化学家伯格曼是参与该实验的主要人员之一。他发现邓肯的血液中含有阻燃剂多溴联苯乙醚的成分。这种物质可见于地毯、电视机的塑料元件、电子线路板和汽车上，但是不应该出现在人体内。因为动物实验表明，高剂量的多溴联苯乙醚会对甲状腺的功能产生影响，从而导致生育和神经系统疾病，而且会影响神经发育。多溴联苯乙醚对人体健康的影响还有待进一步研究。

邓肯血液中多溴联苯乙醚的含量非常高，是普通美国人的10倍，超过瑞典人平均值200倍。伯格曼称，如果邓肯是生产多溴联苯乙醚的工人，其血液中多溴联苯乙醚的含量才有可能这么高。可事实上，邓肯只是一名记者。那么，他体内的这些神秘的阻燃剂是从哪里来的呢？他和研究人员讨论了很久，也没有找到这些污染物质的来源，因为生活中的污染物来源实在太多了。

尽管许多统计指标显示，人类的健康状况在过去的几十年间有了很大的改进，可有几种疾病还是不断蔓延，其原因仍不得而知。从20世纪80年代初到90年代末，孤独症患者增长了10倍；从20世纪70年代初到90年代中期，血癌增加了62%，男性生育缺陷增加了1倍，幼儿脑癌增加了40%。有些专家怀疑这些疾病和接触大量的人造化合物有关，它们充斥于我们的食物、饮水和空气中。虽然目前并没有任何可靠的证据来支持这种怀疑，但是，眼看着一个又一个曾经被认为无害的化合物最终被证明有害，我们无法不产生这种担忧。

铅就是一个经典的案例。1971年，美国普通外科协会宣布，每百毫升血液中含有40微克铅是安全的。现在我们知道，任何可测量的血铅剂量都会导致儿童的神经系统损伤，降低智商。从滴滴涕到聚氯联二苯，化学工业界总是先推出一些新型化工产品，然后又发现其对健康有害。而政府管理部门经常批准其生产标准，直到造成无法挽回的后果为止。

美国环境保护署平均每年审核的新化合物有1 700种之多。然而，1976年的有毒物质控制法案要求，只是在有证据表明其有潜在危害时，才需要进行副作用方面的测试。这对于新型化合物来说几乎是不可能的。该部门每年批准的新型化合物占全部申请的90%，而且没有任何限制。在82 000种正在使用的化合物中，只有四分之一曾经测试过毒性。

到目前为止，还没有一家机构大规模测量过美国人接触化合物的水平。原因很多，例如，检测的成本太高，政府没有强制要求，有关的技术也不够成熟等。2005年，美国疾病预防控制中心做出了积极的努力,他们发布了 148 种物质在人血液和尿液中含量的数据,包括滴滴涕和其他杀虫剂、一些重金属、聚氯联二苯和塑料组分等。

食物链中的汞污染

20 年来,美国佐治亚州立大学遗传学家理查德·马尔常常去哈特韦尔湖钓鱼。以前他们还吃那些钓上来的鱼,但是现在他们只能把钓到的鱼放生。原来,这里有很多鱼已经受到了汞污染。理查德说:"当我发现这里的鱼受到了汞污染后,我真的很生气。湖里大概有 90% 的鱼是可以吃的,可问题是你根本无法确定你钓到的鱼是不是受到了污染。"

工业废水的各种污染物中,汞对人类神经系统的危害性最大。人类食用了被甲基汞污染的鱼后,人体内的蛋白质和酶的生化功能被扰乱,神经系统特别是中枢神经损伤严重,尤其是小脑和大脑。如果摄入汞过多,很可能会让人发疯。

工业用汞常常随着污水被排入江河湖泊中。处于食物链底端的细菌可以把汞分解,转化成剧毒物质——甲基汞。随后,小鱼小虾在进食时就会摄入甲基汞。随着食物链营养级的递增,生物体内的甲基汞浓度也越来越高。实验证明,高级捕食者体内的汞的浓度比水中要高 1 000 万倍。

汞中毒,通常又叫"水俣病",因为它首次出现是在 1933 年的日本九州熊本县一个叫水俣湾的地方。起初,水俣湾的猫出现异常,原本正常的猫,走路变得摇摇晃晃,就像跳舞一样,因而它们被称为"舞蹈猫"。一些舞蹈猫甚至发狂,集体跳海自杀。后来,一些人也开始出现类似病症,开始走路不稳,面容痴呆,后来耳聋眼瞎,重者全身麻痹,最后出现精神失常的疯狂症状,以至死亡。经过健康专家调查,这些猫和人都是因为汞中毒而疯狂。

理查德认为,要防止甲基汞中毒,关键就要从食物链底端消除隐患。为此,理查德独辟蹊径,提出了利用植物来清洁环境的主张。植物都具有从土壤中吸收养料的能力。他希望通过这种方法来去除某些特定的污染物。植物可以通过很长的根茎,从土壤中吸收像汞这样的有毒物质。一些植物生来就可以处理有毒物质:蕨类植物可以在富含砷的土壤中生长;阿尔卑斯草本植物能在含锌的土壤里生长;芥菜能在含铅的土壤中生长;苜蓿能在富含机油的土壤里生长。只要找到能吸收代谢汞的植物,就可以实现去汞目的。不过,植物吸收有害物质的能力有限,如果环境中污染物浓度过高,它们也是无能为力。

与此同时,理查德也发现细菌可以处理汞。那么,能否把细菌的这种天赋转嫁给植物呢?他想到为植物添加细菌的食汞基因。经过20年的反复试验之后,他成功地将食汞基因植入了植物体内。其中一种植物将汞储存于叶子中,另一种则以危害较小的蒸汽形式将汞释放出去。如果这一方法得到实践和推广,大量有毒物质便根本没有机会进入食物链。

汞污染问题的有效解决,让理查德有信心开展其他污染的治理。接下来,理查德准备利用细菌基因来对付镉、砷等其他水源中的有毒物质。对他来说,一切刚刚开始。他已经规划了几百种基因,而且已经试验出了大约20种。理查德希望,有一天我们的湖泊能像过去一样清澈。

塑料瓶装水干净吗

在东京、巴黎的高档餐厅里，一门新兴职业正在悄悄出现。这就是"侍水师"。侍水师可以根据你所点的菜品来推荐最适合搭配的特殊饮料——瓶装水。纽约一家名为"热纳亚"的酒吧近来生意兴隆，其实它并不提供酒精饮料，但里面有 65 种产自世界各地的瓶装水。你可不要小瞧这些无色无味的液体，它们的身价一路看涨，有的已经超过了名酒的价格！

几年前，如果你在餐厅点一杯法国"毕雷"矿泉水就已经很有面子了，但现在它就显得有些不够档次。佐餐的饮料必须是豪华瓶装水，而且"出身清白"。例如，"王岛云雨"产自澳大利亚塔斯马尼亚岛，那里号称拥有世界上"最干净的空气"，雨水自然清洁无比。一瓶 375 毫升的"王岛云雨"号称至少含有 4 875 滴塔斯马尼亚岛的雨水。"420 火山"水则产自新西兰班克斯半岛的一座死火山脚下，保证无人染指。"公元前 1 万年"产自号称"地球上最古老的水源"——加拿大不列颠哥伦比亚省沿岸的冰川。

这些高档瓶装水都会标榜自己的纯洁本质——"从未受到人类污染"。虽然我们普通人喝不起豪华瓶装水，但是一瓶普通的纯净水还是喝得起的。出门在外口渴的时候我们都习惯买一瓶水喝，瓶装水给我们的印象是干净和方便。但是，这些水真的很干净吗？它们真的没有受到污染吗？英国化学研究人员威廉·肖迪克却表示，塑料瓶可能会持续向其中的水释放重金属元素锑，这种元素长期积聚在体内可能危害健康。

现在,瓶装水行业是世界上发展势头最快的一个行业之一,仅仅英国一年大约有 12 亿英镑的市场份额。据统计,美国是世界上消费瓶装水最多的国家,每年消耗 260 亿升,墨西哥第二,中国和巴西分列第三和第四。然而,灌装饮用水的塑料瓶的生产过程却有隐忧。

在生产制造水瓶所需要的聚酯塑料的过程中,会使用含有锑元素的化合物作催化剂。随着塑料瓶的成型,锑元素也进入了塑料中。

水厂一般采用地下水来制造瓶装水。威廉·肖迪克对 15 种热销的瓶装水进行化学检验,结果发现天然地下水中的锑含量是万亿分之一,而刚出厂的瓶装水的锑含量平均为万亿分之一百六十。时间越长,塑料瓶中的锑元素在水中的溶解量越大,这个过程就像泡茶一样。出厂 3 个月后,瓶装水中的锑元素含量竟然增加了一倍。然而,现在市场上大多数瓶装水包装上注明的保质期常常是 24 个月。另外,温度越高,锑元素在水中的溶解量越大,而人们对瓶装水需求量较大的季节恰恰是温度高的夏天。

肖迪克表示,虽然摄入极少量的锑元素不会导致人生病,但是大量摄入则会诱发呕吐,甚至可能致命。虽然塑料瓶装水中锑元素的含量远远低于官方公布的安全标准,但是对长期饮用的后果则还没有具体的研究结论。由于婴幼儿的身体免疫系统比较脆弱,所以还是要尽量少给婴幼儿喝瓶装水。

此外,有荷兰研究者在一次会议上警告说,他们研究发现瓶装矿泉水经常被细菌和真菌污染。研究者认为,污染的瓶装矿泉水对健康个体致病的危险可能有限,但对于易感的免疫功能低下的病人,则有更高的感染危险。

美国哈佛大学的研究人员米歇尔等人发现,不少塑料瓶在加工过程中会加入一种名为双酚A的化学物质。这种化学物质与出生缺陷、发育问题以及心脏病和糖尿病患病风险高有关联。专家对它可能给人体健康造成的影响表示担忧,而一些国家已将该物质正式列为有毒物质。研究显示,被调查者饮用聚碳酸酯塑料制成的瓶装水一星期后,尿液中双酚A的含量会增加69%,而双酚A对人体的危害类似于雌性激素。

英国"水与环境管理协会"的执行主席尼克·里夫斯还表示,瓶装水对环境的污染也不容忽视。全世界每年用于包装瓶装水的塑料为270万吨,这些塑料的原料大多是从石油中提取的,仅在美国,制造这些塑料就要消耗150万桶石油,这些石油可以供10万辆汽车使用一年。86%的塑料水瓶最后都变成了垃圾,需要400～1 000年才能降解。这些塑料垃圾在燃烧时会产生有毒气体和含有重金属的灰烬。

食品污染层出不穷

俗话说:"民以食为天。"可是,曾几何时,各种各样的问题食品甚至是有毒食品不断被曝光。不少食品从根源上就不安全,不少粮食蔬菜被检测出来农药、重金属或者其他有毒物质含量超标,不少海鲜、河鲜是用激素催肥的,畜牧肉类是用含有毒饲料添加剂喂养大的。加工过的食品更是问题多多,不少食品加工人员有意或无意地往食品里加入了有毒有害物质,诸如掺入工业酒精的假酒每年都会夺去不少无辜者的性命,用有毒化工原料加工的豆制品、豆芽、毛肚、荔枝等食品危害人们的健康,而直接掺入有毒化工原料的毒奶粉、毒粉条等让人不得安生。

2008 年 9 月曝光的三鹿毒奶粉事件,是近年来最严重的食品安全事件。三聚氰胺本来是生产塑料、阻燃剂和其他产品常用的工业化学原料,禁止用于食品和动物饲料中。三聚氰胺是一种含有氮杂环的化工原料,添加这种化工原料的食物可以在仪器检测时显示含有更多的蛋白质。于是,一些不法分子以此在食品质量上弄虚作假。然而,往食品中添加三聚氰胺却带来恶果,人或动物食用之后会出现肾结石,并导致肾衰竭。

早在 2007 年初,美国就爆发了三聚氰胺风波,不过美国的三聚氰胺出现在猫粮和狗粮之中。2007 年 3 月 15 日,全美召回了所有的宠物食品。当时,这些有毒食品导致不少猫狗等宠物肾衰竭。此外,一部分受污染的宠物食品被用于生产农场的动物饲料和鱼饲料。美国食品药品监督管理局和美国农业部发现,一些吃了污染饲料的动物被加工成了人类的食品。因此,美国人早在那时候就对三聚氰胺污染过的食物产生了担忧。

当在动物食物源中发现存在三聚氰胺的时候,美国国家食品安全与技术中心就需要快速地了解更多关于食品加工过程中化学品的来源,从而知道如何精确地检测食品中三聚氰胺的存在。美国国家食品安全与技术中心借助三重四极杆质谱仪的先进分析技术,建立了一个新的液相色谱 - 串联质谱方法测定食品中的三聚氰胺。

食品中可能包含的有毒化学物质,除了三聚氰胺外,受到全球普遍关注的还有二噁英,因为它是一种很容易引发癌症的有毒物质。1998 年 3 月,德国销售的牛奶中出现高浓度二噁英,追踪其来源发现,是巴西出口的动物饲料中含有柑橘果泥球所致。2003 年,比利时、荷兰、法国、德国等西欧四国的奶粉、牛奶、黄油、冰淇淋等乳制品内被检测出二噁英,爆发了有史以来最大的食品危机。

二噁英最早是从含氯化工产品的副产品中发现的,像农药、除草剂、脱叶剂等,这些化工产品中常常含有很高浓度的二噁英。此后,荷兰又从垃圾焚烧的排气中检测出了二噁英。一般认为,二噁英的来源大致有废物焚烧、化工生产、工业燃烧过程、造纸行业的氯气漂白工艺等。无论哪种来源,都可能通过食物进入人体。

与其他有机化学毒物相比,为什么二噁英会引起人们的特别关注?这是因为它对人类潜在巨大的威胁,实在无法让人忽视。因为二噁英污染没有最低限量,只要它存在,哪怕极其微量,对人体都是

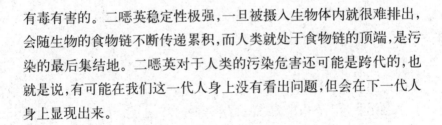

有毒有害的。二噁英稳定性极强，一旦被摄入生物体内就很难排出，会随生物的食物链不断传递累积，而人类就处于食物链的顶端，是污染的最后集结地。二噁英对于人类的污染危害还可能是跨代的，也就是说，有可能在我们这一代人身上没有看出问题，但会在下一代人身上显现出来。

小心人造奶油

我们在西餐厅和快餐店吃巧克力、蛋挞、炸薯条、蛋糕等食品时，常常会吃入不少人造油脂。这些人造油脂有各种好听的名字，比如"植物奶精""植脂末""起酥油""植物奶油"等。其实，它们都有一个共同的化学名称——氢化油。氢化油吃起来味道很好，却很有可能让人陷入健康陷阱，导致糖尿病、冠心病、乳腺癌、不育症、肥胖等疾病。

第二次世界大战之前，美国营养学家发现牛油、猪油等动物性脂肪比黄豆植物油更有营养，开始鼓励人们食用。第二次世界大战时，不少美军士兵在作战中感到自己行动不够敏捷。美国营养学家发现，士兵们遭遇困境的原因在于体内脂肪堆积太多，导致肥胖、心血管阻塞、体力下降等，继而无法应付需要大量体力和灵活度的丛林战争。于是，美国营养学家开始呼吁人们减少食用动物油脂，改吃植物油。

但是，植物油有不易保存的问题。于是，美国研究人员把植物油转化成容易保存的氢化油。油脂氢化的基本原理是在加热含不饱和脂肪酸多的植物油时,加入金属催化剂(如镍、铜、铬等),通入氢气,使不饱和脂肪酸分子中的双键与氢原子结合成为不饱和程度较低的脂肪酸。与植物油相比,氢化油的饱和度增加、熔点升高、硬度加大,故氢化油又称"硬化油"。

氢化油为固态或半固态油脂,其香味和口感优于植物油,可和动物油脂媲美。于是,氢化油广为美国人所接受,并逐步销往世界各地。氢化油价格便宜,性质稳定,可以在较高温度下进行食品煎炸、烘烤和烹饪,而且加工时间短,食品的外观和口感都能得到显著改善,还能进行较长时间的保存。比如,在制作花生酱时,如果使用氢化油制作,就不会出现油、酱分离的现象,而且便于保存。又如,如果使用植物奶油制作糕点,不仅容易给糕点造型,还能改善口感,延长货架期。蛋糕、巧克力、冰淇淋、奶油饼干、奶油面包等食品中都可见到氢化油的身影。

在日常生活中,人们对猪、牛、羊等畜类动物油的戒备比较明显,对氢化油却视而不见。事实上,氢化油对人体健康的危害远比动物油脂大。国外研究证实,经常摄入占总热量5%的氢化油,即每天10～15克,相当于100克奶油蛋糕或50克桃酥或40克起酥,就会对健康产生一定的危害。

氢化油对健康主要有四大方面的危害:增加血液黏稠度和凝聚力,促进血栓形成;提高体内有害健康的低密度脂蛋白胆固醇水平,降低有益健康的高密度脂蛋白胆固醇水平,导致动脉硬化;增加Ⅱ型糖尿病和乳腺癌的发病率;影响婴幼儿和

青少年正常的生长发育,并可能对中枢神经系统发育产生不良影响。

美国科学家发现,氢化油危害人体健康的原因是它太"牢固"了。植物油脂肪多为顺式结构,但是植物油氢化后改变了原有的分子结构,变成了人体难以分解吸收的反式脂肪。氢化油既难被身体消化分解成小分子,又难以排泄到体外,大部分留在体内,囤积在细胞或血管壁上,成为导致人体肥胖、心血管疾病的最大诱因之一。

美国一名学化学的大学生还做了一个实验,并把实验过程的视频放在网上给大家看,证明氢化油是多么的不自然。市售的洋芋片与薯条,是最容易找到的氢化油来源。这位年轻人把速食店卖的东西,比如汉堡、薯条放到透明玻璃罐里面,看看多久这些食物会腐败,实验为期10星期。结果,两个半月后,所有的面包都发霉了,肉都烂掉了,薯条居然还完好如初,可见氢化油脂就像保洁膜一样紧紧包住薯条,让薯条不会腐败。

连霉菌、细菌都不以氢化油为食,为何人类还要吃氢化油呢?因此,反对氢化油的呼声日益高涨,但是很少有国家制定法规禁止氢化油。目前,只有丹麦明文禁止在食品中大量使用反式脂肪。该国法律规定,每100克食用油中只能含有2～5克反式脂肪。在氢化油的原产地美国,部分州也制定了全面禁止使用氢化油的法规。

环境 "治疗"

huanjingzhiliao

超级机器吞食二氧化碳

　　全球变暖让节能减排成为世界各国的共识。然而，即使现在不增加二氧化碳的排放量，大气中包括二氧化碳在内的温室气体也已经超标了。因此，一些科学家正在主动想办法，以减少大气中多余的二氧化碳。除了我们常见的植树造林来减少二氧化碳的方法外，一些科学家已经制造出可以主动吸收二氧化碳的机器。

　　我们知道，碱性物质可以吸收二氧化碳，比如石灰、烧碱和苏打。加拿大卡尔加里大学的环境科学家凯斯就利用这种化学反应发明了一种二氧化碳吸收机。这个吸收机的主体是一个5米高的竖塔，其中有一个气泵来吸收空气。竖塔中的喷淋装置不断向泵入的空气喷洒雾状的烧碱溶液，它能吸收二氧化碳气体。利用这种机器吸收二氧化碳的方案需要在世界各地安装数百万个高塔，每一个直径都需数百米，高度也超过100米。有人对此提出质疑，因为建设如此巨大的装置需要一笔巨大花费，把所有费用考虑在内，每吸收一吨二氧化碳，需要花费将近100美元，比目前电厂用烟囱搜集二氧化碳每吨的成本高出60美元。

　　美国亚利桑那州图森市的全球研究技术公司开发出一种薄膜滤气机，他们认为这个方案比凯斯的方案更有效。按照该公司总裁的说法，一个10平方米的滤气机每年可吸收1 000吨二氧化碳。照此规模，100万个这样的装置每年就能吸收10亿吨的二氧化碳，能够有效地减少大气中二氧化碳的含量。而且，该公司深信，当他们大规模推广应用这种新装置时，也会导致价格下降。

这个公司采用的技术是美国哥伦比亚大学的克劳斯·莱克纳教授开发的。二氧化碳滤气机也是一个塔状装置，其主体是安装在一些金属板上的离子交换薄膜。吸收在薄膜上的二氧化碳分子还可以进入二氧化碳再生器，用于培育海藻或制造化肥。然而，莱克纳的这项发明也引来不少争议，有人认为，这种机器造价太高；有人认为，这些滤气机在吸收大气保温气体的同时也将消耗大量能源。

此外，美国加利福尼亚大学洛杉矶分校的研究人员奥马尔·亚赫吉等人研制出一种神奇的纳米晶体，它们能够"捕获"体积大约是自身 80 倍的二氧化碳。这种纳米晶体只吸收二氧化碳分子，并把它们压缩在晶体内，而将其他气体分子"拒之门外"。这种特殊晶体的问世，将会使得二氧化碳吸收机器的研究再上一个新的台阶。研究人员表示，不同结构的纳米晶体可以选择性吸收不同的分子，而且吸收效率很高。

人造树吸收二氧化碳

汽车是二氧化碳排放的主要来源之一。2009 年，英国一些研究人员提出，在道路上安装一些人造树，可以大量吸收二氧化碳，是减缓全球变暖的有效方法。

英国机械工程学会发表的一份报告说，经过对几种减排方案的研究测试，发现每棵造价 1.5 万英镑的人造树可以消除 20 辆汽车排放的温室气体。报告说，今后 10 ～ 20 年里，可以在英国造出由 10

万棵吸收二氧化碳的人造树组成的"吸碳森林"。据统计，10万棵人造树即可吸收掉英国的家庭、运输和轻工业产生的二氧化碳，而500万棵人造树则有可能吸收掉全球因人类工业生产和运输业排放的二氧化碳。

人造树在外形上不太像树，更像一个大型的苍蝇拍，也有点像插在棍子上的一个方形散热器。它们有像百叶窗的叶片，可以像真树那样吸收二氧化碳，而且吸收效率更高，是自然树木平均吸碳能力的1 000倍。这种特制的人造树为20～60米高，可以安置在公路两侧这样的地方。

人造树采用了"二氧化碳捕获技术"，利用道路上的风力发电机来提供能量。吸收二氧化碳的装置不仅可以安装在人造树上，还可以安装在一些建筑上。当二氧化碳吸收到一定量之后，由埋在地下的特殊装置液化和压缩，然后经专门的管道输送到固定的处理点，一般处理方法是把这些压缩的液态二氧化碳埋到地下或海底，比如填入废弃的油井。

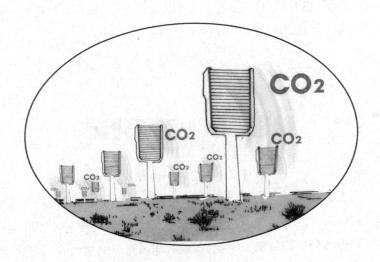

最早提出用人造树吸收二氧化碳设想的是美国哥伦比亚大学的研究人员克劳斯·拉克纳。早在1999年，他就提出制造空气过滤器，利用化学吸收剂从空气中"捕获"二氧化碳。根据拉克纳的计算，每棵人造树每年可以吸收9万吨二氧化碳，这相当于15 000辆汽车的二氧化碳排放量。不过，和英国人的人造树不同的是，拉克纳的人造树并不直接液化二氧化碳，而是用化学药剂来吸收二氧化碳，然后把化学反应后的固体产物加以填埋。

英国机械工程学会的专家比较了数百种遏制全球变暖的方案，包括在太空安置巨大的反光镜帮地球降温，结果发现大多数设想要么不切实际，要么太昂贵。他们认为，以目前的科学技术水平而言，人造树吸收二氧化碳是三种最经济实惠的技术方式之一，另外两种方案分别是养殖吸碳藻类的生物反应器和反射太阳光以帮助地球降温的太阳光反射镜。

研究人员表示，如果能够批量生产这种人造树，城市热岛效应可大大减缓。同时他们也指出，光靠吸碳人造树并不能真正改变全球变暖的趋势，各种科技的吸碳手段都是权宜之计，最主要的还是要减少因各种人类活动向大气中排放的二氧化碳。

用岩石吸收二氧化碳

当人们为温室气体增多和全球变暖忧心忡忡的时候，科学家开始寻找各种方法来减少大气保温气体。2008年，美国科学家在亚洲国家阿曼找到一种特殊的橄榄岩，这种岩石可以大量吸收二氧化碳，有望在将来为减少温室气体作出贡献。

美国哥伦比亚大学的地理学家彼特·卡勒门和他的同事在阿曼的沙漠地区做研究时,发现那里的橄榄岩对二氧化碳的吸收量惊人。他们在一片光秃、裸露的橄榄岩地区,发现橄榄岩中的矿物质与二氧化碳的反应速度 10 倍于其被深埋于地下的反应速度。

卡勒门和马特使用传统的碳同位素法鉴定这些岩石的年限,发现这些地下的岩石与地球的历史相比还相当年轻,大概形成于 9 600 万年前,并且一些活跃地区还有新的橄榄岩形成。许多地下采集的岩石标本现在被放置在新建的道路上使其与空气接触。他们估计,阿曼的橄榄岩每年自然吸收 10 万吨的二氧化碳,这个数字比起初估算的还要多得多。

卡勒门发现,与空气隔绝的地下橄榄岩像海绵一样疏松而柔软,但是橄榄岩一旦暴露于空气中,就会迅速与二氧化碳发生化学反应。然而,直接用这种岩石吸收二氧化碳有个问题,那就是它的表面很快就变得坚硬而致密,这样一来其内部的橄榄岩便无法继续和二氧化碳发生化学反应。

为了解决这个问题,有人提出了一个常见的解决方案,那就是把橄榄岩运到石头加工厂磨成细粉。其化学原理是,参与反应的固体化学物质表面积越大,化学反应的速度越快。对于相同质量的固体化学物质来说,越细表面积越大,因此粉末状物质比大块物质的化学反应速度快,而纳米粉末的化学反应速度比一般粉末的快。但是,把橄榄岩磨成细粉这个方案会消耗巨大的资金和能源,消耗这些能源可能会排放大量的二氧化碳。这样算起来,这个方案有些得不偿失,因为岩石吸收的二氧化碳很可能还不如消耗能源所排放的二氧化碳多。

除了增大表面积可加快反应速度外,提高温度也可以加快化学反应的速度。卡勒门于是想出了一个更加巧妙的解决方案,那就是利用地下热能和化学反应自身产生的热能来促进二氧化碳的吸收。这个方案的详细做法是,先打造一个几百米深的隧道管,把二氧化碳和一些热水输送到橄榄岩的岩层中,高水温可以让橄榄岩和二氧化碳的反应速度提高 10 万倍。这个反应一旦启动,反应过程会自然产生大量的热量,在热能和水的作用下,表层橄榄岩不断粉碎,使其更多地暴露于这种富含二氧化碳的溶液中。地球自身产生的热量也会对这一过程产生帮助,因为越往地核方向深入,温度越高,而阿曼的橄榄岩从地表一直向地下延伸 20 千米。

科学家认为,上述方案所耗费的能源很少,十分合算。但是这个方案会遭遇施工难题,因为此前没有人做过这样奇特的工程,随着岩石的粉碎,隧道管要不断深入,而且要保证隧道管不漏气。如果这个方案能够实施,仅仅阿曼一地每年就可能吸收 40 亿吨二氧化碳。而大气中因人类活动多释放出的二氧化碳每年大约只有 300 亿吨,主要来自燃油使用。事实上,地球上还有一些地区有大片的橄榄岩层。因此,如果这个方案能够实施,全球变暖程度可以得到有效的遏制。

为牛羊戴上防毒面具

越来越多的科学证据表明,大气中二氧化碳的增多与养殖业也有关系。2008 年,澳大利亚一些养殖场,出现了一些佩戴防毒面具的牛羊。这不是因为空气污染严重而采取的保护牛羊措施,而是科学家要通过这些特制的防毒面具来收集牛羊呼出的气体,了解其中究竟含有多少甲烷,以便确定牛羊的呼吸对全球变暖要负多大的责任。

我们都知道,二氧化碳排放量的增多要对温室效应负主要的责任。但是,近年来气候学家也开始重视起空气中的甲烷含量来。因为甲烷对温室效应的影响是二氧化碳的 25 倍,而全球甲烷含量的排放也在不断攀升,主要是全球变暖导致一些冻土中的甲烷排放了出来,人类对湿地和林地的破坏也导致甲烷增多。

早在 10 多年前,科学家就发现畜牧业尤其是牛羊的养殖会推动地球大气温室效应。近年来,科学家经过多种模型进行计算,发现地球大气温室效应有 20% 来自畜牧业。畜牧业的饲料制造过程会产生大量的二氧化碳,而牛羊等草食动物排出的甲烷危害更大。研究发现,牛一天打嗝和放屁所排放的甲烷,竟然比一辆汽车一天所排放的废气量要高出许多。

牛羊等牲畜的主食是草料,经过胃部消化后会部分变成甲烷,通过呼吸或放屁排放出来。近年来,全球肉食消耗量的增加导致养殖业规模逐步扩大,牛羊对气候的影响也就开始引起科学家的重视。澳大利亚国立大学亚太经济管理研究院主任、经济学教授罗斯·加诺特在 2008 年 8 月表示,澳大利亚的养殖业产生了大量温室气体,如果在减少牛和绵羊数量的同时,将袋鼠的数量增加,农民把袋鼠作为肉食来源,将对环保更有好处。这是因为袋鼠不会像牛羊那样通过口腔排放甲烷。上述建议引起了澳大利亚农民的强烈反对,因为袋鼠的圈养十分困难,而且人们也不喜欢吃袋鼠肉,虽然袋鼠肉在澳大利亚超市也有销售,但是人们一般都是买来喂宠物的。

为了研究养殖业对气候的影响有多大,澳大利亚研究人员在政府的支持下,短时间内给牛羊佩戴上特制的防毒面具,以获得它们呼出的气体读数,并测定牲畜的甲烷排放量。

曾经有研究人员给少数绵羊穿上塑料裤子,收集它们放屁排出的废气。不过,现在科学家一致赞同利用面具是更好的方法。澳大利亚绵羊合作研究中心的詹姆斯·罗维教授表示,绵羊呼吸排出的甲烷气体量占它排放甲烷总量的98%。该研究中心将把从澳大利亚全境大约9 000万只绵羊中挑选出来的试验羊群集中到研究站,工作人员负责给它们戴上防毒面具,收集它们在一分钟内呼出的废气。

这种防毒面具的设计和普通防毒面具不同,能覆盖住牛羊的鼻孔和嘴,呼出的气体会收集进面具内的一个球胆中,每次佩戴一分钟。牛羊在戴上这种防毒面具后不会感到紧张,不会摇头晃脑地急于将面具甩掉,比给它们穿塑料裤子要简单得多。这项研究收集到的气体将在化学实验室内进行分析。科学家希望该研究一方面能确定哪种羊天生排出的甲烷更少,另一方面可以了解绵羊的饮食习惯,未来可以通过改变它们的饮食结构来减少它们的甲烷排放量。

在牛羊体内制造大量甲烷的是一些喜欢分解有机饲料的甲烷细菌。这些甲烷气体通过牛羊打嗝或放屁释放到大气中,其中有80%通过打嗝散发到空气中。英国威尔士大学的科学家发现,让牛羊吃了大蒜提取的大蒜精,就可以杀死那些甲烷细菌,牛羊打嗝或放屁就会大量减少。大蒜精是利用大蒜制造大蒜油的副产物,价格比较低廉。英国威尔士大学的研究成果表明,将大蒜作为家畜的饲料添加剂,可使食草家畜消化过程中排放的甲烷气体减少50%。这项研究成果得到了新西兰政府的高度重视,因为新西兰55%的温室气体排放来自畜牧业。

给空气建个博物馆

世界上有许多爱好收藏的人,他们的藏品千奇百怪。在澳大利亚墨尔本,有一个喜欢收藏空气的科学家保罗·弗雷泽博士,他专门兴建了一家独特的"空气博物馆",里面存放的都是看不见也摸不着的各个年代的空气,让人们可以去"阅读"空气的历史。你可不要小瞧了这些空气样本,它们能告诉我们大气变化的情况,以便更好地采取措施保护大气环境。

弗雷泽博士是澳大利亚科学与工业研究组织大气研究所的科学家,从1978年以来他就一直采集空气标本进行检验。为了科研和调查的需要,弗雷泽博士和他的同事每年都要采集4次空气样本,每次采集1 000升。所有这些空气样本都是从澳大利亚最南端的塔斯马尼亚州的空气观测站收集的,那里的空气是南半球中纬度地区空气质量的代表。弗雷泽博士在那儿已经观测到造成温室效应的废气,还有破坏臭氧层的废气。那里的空气变化能够表明地球大气层大片地区的变化。

40多年来,弗雷泽博士已经收集到了大量的空气样本。这些空气样本经过例行的检验之后，就已经完成了使命，一般就被释放回大气中了。但是，弗雷泽博士想，这些空气样本一旦被释放就会永远难寻。于是他想到了要建立一个"空气博物馆"的主意，把这些空气样本归档存放。于是，这个空气博物馆在墨尔本诞生了。

别小看博物馆中那些看不见摸不着的空气样本，它忠实地记录了过去 40 多年来地球大气质量的变化，而这些变化又和人类的生产活动的发展特别是现代工业活动的发展有着直接的联系。例如，在 20 世纪 90 年代后期的空气样本中，弗雷泽博士发现了一种化学物质，是制造窗式空调机制冷剂时产生的副产品。而在这之前，空气中是不含这种物质的。现在，生产制冷剂的行业已经改进了他们的生产技术，空气中自然也就没有大量的这种化学物质了。

弗雷泽博士的空气博物馆建立时间虽然不长，但是它提供的数据已经表明，近年来地球上的空气质量在某些方面还是获得了一些改善。例如，破坏大气臭氧层的氟氯烃的含量已经大大降低，这表明人们已经有意识地减少氟氯烃在工业上的应用。

大气化学家还可以利用这个空气博物馆提供的近几十年的空气数据与几百甚至几千年前保存在南极冰川里的空气资料进行对比，从中探讨地球大气层变化的规律。科学家介绍说，通过钻探获得地下的冰核十分困难。同样的，要把冰核中含有的空气气泡挤出来也并非易事。1 千克重的冰核打碎之后只能获得 100 毫升的空气。科学家会利用现代的高科技来分析这些空气样本，并与空气博物馆中收集到的历年空气样本进行对照，进而分析大气的历史变化情况。空气中化学物质的历史可以间接告诉我们未来的空气会发生什么样的变化，以便我们能预先采取有效的环境保护措施，也有利于政府制定相关的环保政策。

淤泥"变"生态砖

　　城市下水道是保障居民洁净生活的重要设施之一,却是让市政工人烦恼的设施,因为处理下水道的淤泥是一件令人头疼的事情。环保部门也为这些淤泥而烦恼,因为下水道淤泥是城市河道的污染源之一。2009年,德国研究人员发现可以利用城市下水道的淤泥来制造生态砖。如果这项技术能够推广,人们就再也不必为下水道淤泥污染而烦恼了。

　　下水道的污水最终去向何处?各国的处理方式不一。在德国,每座城市的下水道污水最终流向一些污水处理厂,经过处理后没有淤泥和有害物质的二次水可进入城市河道。因此,淤泥最终沉积在污水处理厂。德国每年产生200万吨下水道淤泥,如何处理这些淤泥是一个沉重的负担。在德国,下水道淤泥先送到垃圾发电厂,烧掉其中的有机物。经过燃烧的下水道淤泥体积减半,然后送到乡村作农林肥料。

　　但是,近年来德国乡村开始抵触这些来自城市的"淤泥肥料",哪怕免费送给他们都不要。一些农民表示:"我们这里不是城市的垃圾填埋场。"虽然经过焚烧后的淤泥已经无臭无味了,但是农民还是担心这些淤泥肥料里面残留有毒有害物质。由于遭到农民的反对,德国的一些地方政府开始郑重考虑这些淤泥的新去向。德国威腾－赫德克大学环境技术和管理学院的研究人员提出,可以尝试用淤泥来制造建材,这样可让城里人产生的垃圾在城里被回收利用。

淤泥建材中最有前景的是制成墙砖和瓦片,被研究人员称作"生态砖"。这种砖已经在实验室里制造成功。研究人员乌尔利希·鲁道夫等人把污水厂的淤泥先进行去毒和去放射性处理,然后把淤泥适当干燥后制成颗粒状,和沙子、石灰按照一定的比例混合后制成砖胚,在实验室的高温炉里烧制数天后就成了砖。鲁道夫表示,这种淤泥砖比一般的砖节能效果更好,因为这种砖是"有机生态砖"。一般的砖在烧制过程中不会故意加入有机物,否则成本会增高。而淤泥中本身含有有机物,不会增加额外的成本。这些有机物在烧制过程中会分解成矿物和无毒的气体,这些气体成为砖里的小气泡。

这种多孔气泡砖是很好的绝热建材,可以减少建筑物室内和室外的热交换,达到冬暖夏凉的效果。用生态砖建造的建筑物需用的暖气或者空调能源只相当于普通建筑物的一半。生态砖的性能与多孔混凝土差不多,也不会释放污染环境的化学物质。鲁道夫介绍说:"这种砖虽然来自下水道淤泥,但是和普通的红砖青砖差不多,而且似乎显得更高贵一些,因为它们看上去雪白而坚硬。"

淤泥生态砖不但可以节能减排,而且可以降低健康风险。下水道淤泥作为肥料送往农村的确有一定的健康风险,因为下水道淤泥经过多道工序处理后会残留微量重金属。这些重金属会进入土壤、水源和农林作物,最终随着食物进入人们的身体,虽然不会引发急性食物中毒,但日积月累的健康损害也不容忽视。而用这些淤泥制砖之后,残留的重金属被封存在砖中,进入人体的可能性就微乎其微了。

其实,进行下水道淤泥制砖试验并非鲁道夫等人的首创。在此之前,英国和日本的研究人员也进行了类似的试验。不但下水道淤泥可以用来制砖,河道中清理出来的淤泥也可以制砖。日本是目前唯一已经把淤泥建材商业化的国家,还把各种淤泥建材出口到其他国家。日本不但规模化生产淤泥砖,而且成功地将污泥混入沥青中用于铺路。2001年,日本神户市率先着手将污泥全部转化为资源。早在20世纪80年代末,英国、荷兰、法国、瑞典和澳大利亚等国就开始利用淤泥为主要原料,制成高效净化燃料。由于经济效果和社会效果都非常好,许多国家已将商业化开发利用淤泥列为未来城市发展的一项重要环保政策。

中国地域广阔、人口众多,是世界上的淤泥资源大国,发展淤泥回收、综合利用大有可为。据调查,中国的湖泊、河道拥有的淤泥每年的采集量至少可达7 000万吨,加上城市下水道的淤泥,每年的总采集量可在1亿吨以上。目前,中国已经有一些工厂利用河道淤泥烧砖,但是鲜有利用下水道淤泥烧砖的。回收利用淤泥,有利于疏浚水域、净化城市环境、开发新型建材,形成一个极有发展前途的新兴产业。

稻壳造水泥

每年,全世界生产6亿多吨稻谷。在稻谷加工成稻米之后,不少地方的农民把稻壳当作垃圾扔掉了,一些地方的农民把稻壳和稻草一起烧掉。这种处理方法极大地污染了环境,燃烧时产生的浓烟还会引发呼吸道疾病。2009年,美国一家化工公司的研究人员打算利用这些稻壳来制造水泥。

稻壳俗称"糠",在中国不少农民用糠来喂猪。而在美国,稻壳常常被当成垃圾扔掉，或者垫在家禽、牲畜的圈里，有的农民甚至把稻壳和稻草一起放把火烧掉。研究人员拉詹·温帕蒂表示，燃烧稻壳会产生大量二氧化碳，制造水泥也会产生大量二氧化碳。如果用稻壳灰来制造复合水泥，掺入建筑用的混凝土中，就可以大大减少二氧化碳的排放。根据研究人员的反复试验，复合水泥中来自稻壳灰的成分可以占到20%。

根据研究人员的测算，每生产1吨水泥就会产生1吨二氧化碳。全世界每年生产50亿立方米的混凝土，由此产生的二氧化碳占全球人为制造二氧化碳的大约5%。如果世界各个地区都能采用掺入稻壳灰的复合水泥，这个比例可以降到4%以下。复合水泥生产厂家还可以和生物质发电厂合作，把稻壳的热能用来发电，燃烧产生的灰烬则可以添加到水泥中。

为什么是用稻壳灰来制造水泥，而不是稻草或者其他农作物的废料呢？水泥的主要成分是硅酸钙，这种建筑材料的黏性和坚固性都不错。研究人员表示，制造水泥还得用含硅量高的农作物，而稻壳中富含二氧化硅。

几十年前，科学家们就已经意识到了稻壳作为建材的潜在价值，但是以往稻壳的焚烧产物因为含碳量过高一直难以被用作水泥的替代品。近年来，研究人员已经从技术上很好地解决了这个问题。新方法是将稻壳放入熔炉，利用800℃高温燃烧，最后剩下纯度较高的二氧化硅粉末。

采用掺入稻壳灰的水泥会不会降低建筑物的强度，导致建筑物成为"豆腐渣工程"呢？研究人员表示，把普通水泥和部分稻壳灰混在一起经特定程序加工制成的复合水泥，会让混凝土更加坚固。美国全国混凝土协会工程部高级副主席科林·劳勃说，这个基本原理的应用已经存在好几个世纪了，"几百年前，罗马人就开始用火山灰来制造城墙砖了"。他说,如今一些建筑工人会使用炼铁剩下的熔渣,或者火力发电厂剩下的煤灰制砖,达到同样的效果。

温帕蒂表示,稻壳灰的优势在于它不像煤灰或者熔渣资源有限,稻谷年年种,稻壳灰取之不尽。此外,掺入稻壳灰还能让制造出的水泥呈现能更好反射阳光的浅色,使用这种水泥的建筑物更节能。现在,不少国家提倡利用"把建筑变白"的方法来抵御全球变暖,这种浅色水泥就是一种很好的"把建筑变白"的建筑材料。由于稻壳灰经高温处理后产生的二氧化硅比较纯,掺入稻壳灰的水泥还更抗腐蚀。

温帕蒂的研究团队目前正在进行一项试验,如果能证明高温燃烧稻壳的方法奏效,他们将开始投入建设大型熔炉,计划每年生产约1.5万吨稻壳灰。如果能大规模地制造稻壳灰,利用美国产生的所有稻壳每年可制成210万吨稻壳灰。事实上,对于一些稻米和混凝土消耗都非常大的发展中国家而言,稻壳灰的发展潜力更大。有关专家表示,如果大范围推广稻壳灰复合水泥,则可以引发一场"绿色建筑"的革命。

剩菜成肥料

在美国科幻电影《机器人瓦力》中,地球的未来可能被垃圾占领而变得不适合人类生存。其实,这样的忧虑并非完全没有道理。美国研究人员为了倡导绿色的家庭生活,让地球的未来不至于变成垃圾堆,发明了一种可以把剩菜转化为肥料的机器。

剩菜处理机

这种环保的剩菜处理机外观看起来很像是电脑的机箱，也像某些类型的音箱，外观时尚，放在厨房的操作台上可以作为一种装饰品。这种机器可以处理厨房里产生的所有有机垃圾，比如烂菜叶、水果皮和果核、剩饭、剩菜等。只需要把这些有机垃圾放入这台家庭肥料制造机，关上盖子并开启电源，就可以产生你家后院或阳台上所种植的花草和蔬菜所需的肥料了。只要每天插电 20 分钟，就可以处理 12 升的液体有机垃圾或者 7 千克的固体有机垃圾。

有人可能会担心它在制造肥料的过程中会散发臭味，从而污染食物，甚至影响人们的食欲。事实上，这种机器的原理不是让剩菜缓慢发酵变成肥料，而是对它们进行加热，加速它们的发酵和降解过程，最后变成植物需要的肥料。这样，你既不需要忍受食物腐烂的臭味，消灭了厨房垃圾，又得到了可以给种植的花草和蔬菜施用的肥料，形成了一个良性的绿色循环。

如果你家没有独立的大花园，阳台上的盆花显然不需要那么多肥料，那么你可以把自己生产的肥料赠送给小区的物业部门，让他们用这些无臭环保的有机肥料来养育小区内的花草树木。在美国，一些地方的环保部门为了让人们多多使用这种绿色环保的剩菜处理机，还派专人上门回收这些肥料，然后把它们赠送给农民，而农民会回赠一些瓜果蔬菜给那些生产有机肥料的城市家庭。

玉米造塑料

　　不少人都喜欢吃麦当劳里出售的甜玉米。你在吃这些香甜玉米的时候，是否还想到玉米还有其他用途呢？或许你会说，还可以做玉米糊糊嘛。别老想着吃的好不好？玉米还可以用来造塑料呢。

　　塑料是一种重要的化工产品，包装行业尤喜塑料。然而，环保人士却非常讨厌塑料，因为塑料袋、塑料泡沫等这些东西到处飘飞，还不会分解，是有名的"白色污染"。如果塑料在外面风吹雨淋几天，就消失了，渗入土壤成了肥料，环保人士就不会讨厌塑料了。用玉米制造的塑料就具有这样的品性，它就是不让人讨厌的塑料的代表。

　　最初，美国科研人员研制开发出一种易于分解的玉米塑料包装材料。它是用玉米淀粉掺入聚乙烯后制成的，能迅速溶解于水，也可避免细菌和病毒对食品的侵袭。可是，这种塑料还是面临着其中的聚乙烯难以降解的尴尬。后来，美国内布拉斯加州的嘉吉道氏有限责任公司的玉米塑料工厂制造出了纯玉米塑料。据实验，纯玉米塑料可以通过燃烧、土壤中的微生物分解、自然降解和昆虫吃食等方式处理掉，从而免除

"白色污染"的危害。在露天环境下,玉米塑料制成的杯子只需40天就消失得无影无踪。

为什么选择玉米,而不是小麦、苹果或者青椒来制造塑料呢？这是因为玉米产量大,而且其中的淀粉含量大。玉米作为世界上主要农产品之一,供应量充足,仅美国在未来10年里每年提取4.54亿吨聚乳酸就不成问题。这意味着,美国玉米生产量的十分之一将被制成塑料和纤维。美国化工产品生产巨头杜邦公司已加入开发玉米塑料的队伍中来。

玉米塑料虽然非常有利于环保,但价格较贵。北美生物公司生产的玉米塑料盘子比传统的塑料盘子价格高约5%,杯子的价格更是高出25%。不过,该公司总裁弗雷德里克·希尔相信,在5年内,随着玉米塑料的需求增加,生产规模将随之扩大,成本就会降下来。统计资料显示,全球每年约生产塑料制品1亿吨,其中一次性包装材料3 000万吨,解决这些材料造成的污染要花费很大的社会成本,如果玉米塑料能成功取代其中的一部分包装用塑料,估计每年将有价值100亿美元的市场。

如今,不少大公司都看好这种新的环保材料。可口可乐公司在盐湖城冬奥会上用了50万只一次性杯子,全部是用玉米塑料制成的。著名的日本电器制造商索尼公司两年来一直用玉米做成的塑料纸包装光盘。该公司还开发研制出一款新型DVD光盘,制成该光盘的主要材料是从由玉米中提炼出的淀粉合成的塑料。该公司打出"保护环境的绿色DVD"的宣传口号,向各相关企业进行推广。日本富士通公司开发出以玉米塑料制成的环保笔记本计算机的外壳,这种计算机不会产生二噁英等有害物质。

除了玉米外,其他不少农作物也已用于制造塑料。美国农业部的食品科学专家对外宣称,一种新型食品包装材料完全采用粉碎的草莓制成,因此它非常符合环保要求,可能取代传统的聚乙烯塑料薄膜而成为食品包装新材料。

日本卡吉尔道聚合物公司利用小麦制造包装材料也获得成功。日本科技人员还从松木中研究开发出一种木粉塑料包装材料,这种木粉塑料抗热能力极强,而且可被生物分解,可用于制作耐温型包装袋等。

英国研究人员发明了油菜塑料,它是从制造生物聚合物的细菌中提取了三种能产生塑料的基因,再转移到油菜的植株中,经过一段时期油菜便产生一种塑料性聚合物液,经提炼加工可得到油菜塑料。用这种塑料加工制成的包装材料或食品快餐包装材料,能自行分解,没有污染残留物。

液体木材取代塑料

木材、钢铁、玻璃和塑料是现在广泛使用的材料。尤其是塑料,已经成为现代日常生活中最重要的材料。但是,一些德国科学家认为,塑料在不久的将来会被液体木材所代替,液体木材将引发一场新材料的革命。

塑料是20世纪最重要的技术发明之一,在现代生活中应用十分广泛。因为用塑料制作生活用具十分方便,成本较低。塑料作为一种高分子材料,在现代社会的需求量是最大的。然而,随着人们环保意识的加强,塑料逐渐从时代的宠儿变得有些讨人嫌了,塑料的许多弊端逐渐显现出来。

首先，塑料不是一种可持续使用的材料，木材和钢材可以用上几百年，然而塑料容易老化，往往只能用几年就碎裂了；其次，木材、钢铁和玻璃都比较容易回收再利用，但是塑料的回收利用难度比较大；再次，生产塑料时掺入的一些添加剂含有可诱发癌症的毒素；最后，塑料是由炼制石油的一些副产品制成，而石油储备并非用之不竭的资源，当石油枯竭之后，塑料工业也就走向了终点。

为了寻找塑料的替代品，科学家一直在不懈地努力。2008年德国科学家认为他们找到了塑料的替代品，那就是液体木材。液体木材研究的负责人是德国弗劳恩霍夫化学技术研究所高级研究员诺尔伯特·埃森弗里奇。他表示，与塑料相比，液体木材是一种环保的天然材料，完全是由木质素这种天然的高分子化合物制成的，而木质素取自木材的软组织。在与其他几种化学成分混合后，木质素会变成固体，成为塑料的无毒替代品。

液体木材的环保性不仅仅因为它是一种天然材料，更重要的是它可以利用木制品加工业中的废料来进行生产。木制品加工业把木材分解为三种主要高分子化学物质：木质素、纤维素和半纤维素。造纸工业只需要纤维素和半纤维素，木质素在造纸行业中成了废料，液体木材加工却可以变废为宝。除了木制品加工业中废弃的木质素外，液体木材的原料还来源于废弃的农产品和林产品。农作物的秸秆、树木的枝叶一向被认为是废物，近年来部分用于制造生物燃料，它们同样可以用于制造液体木材。

德国弗劳恩霍夫化学技术研究所的专家把废弃的木质素和木材、麻、亚麻以及蜡等添加剂制成的天然纤维混合，做出了可供熔化和注塑的液体木材。液体木材在变成固体以后，看上去与塑料十分像，还具有抛光木材的特性。因此，一些研究人员又把液体木材称作"生物塑料"。这种材料现已用来生产需要超高强度的汽车、手表等产品的零部件。

然而,在液体木材生产过程中,将木质素从细胞的纤维中分离出来时,需要加入亚硫化物,使得液体木材产品有很难闻的味道。由于含有高浓度的硫,新发明目前尚不能得到广泛应用。研究人员认为,他们不久可以将液体木材中硫的含量减少 90% 以上,使这种新材料适于制作一些家庭用品,比如小孩子用的玩具,取代由于含有毒素而受到广泛批评的塑料玩具。

此外,液体木材还有一个优点,那就是可以循环使用。专家在一系列试验后对液体木材进行了分析,结果表明,即便被重复加工 10 次,这种材料仍可以保留其原有的一切特性。如果能妥善解决液体木材中含硫量高的问题,相信它将引发一场新材料的革命,现在我们所使用的各种塑料制品将来都可能被液体木材所代替。

植物为大地疗伤

大地是哺育植物的母亲,也是哺育人类和其他动物的母亲。然而,经过战争、过度开发和工业污染之后,大地已经变得伤痕累累。谁来为大地疗伤?"人类儿子"无能为力,但"植物儿子"可担当重任。世界各国都高度重视土地污染的现状。联合国把 4 月 22 日定为"世界地球日",中国把每年的 6 月 25 日定为"中国土地日",以此呼吁人们爱护脚下的土地。

空中飘散着浓烟,充满了刺鼻的气味,江河湖泊里漂浮着秽物,散发着恶臭,这些都是很直观的环境污染,但人们很少能注意到自己脚下的土地也正遭受着严重的污染。跟大气和水体比较起来,土壤对化学污染物的容纳能力要大很多,但土壤一旦被污染就很难清除。

土壤污染和水、空气污染相比,更有隐蔽性,而且引起的不良后果要在几个月、几年、几十年甚至上百年后才能显现。土壤污染物经由食物链,通过粮食、蔬菜、水果、奶、蛋、肉等进入人体,间接影响人体健康。事实上,土壤污染比其他污染的危害时间更长,污染物质在土壤中并不像在大气和水体中那样容易扩散和被稀释。

目前,世界上90%的化学污染物最终滞留在土壤内。随着工业化、城市化、农村集约化进程的不断加快,土壤污染问题日益突出,受不同程度污染的土壤面积不断扩大。

人们曾经采用掩埋的方法来处理受到严重污染的土壤。然而,这种方式不但费时、耗资,更造成环境再度污染。现在,世界各国的环保专家都提出了让植物来净化土壤的新方案。与传统的化学、物理等除污手段相比,植物除污具有投资和维护成本低、操作简便、不造成二次污染、有潜在或显在经济效益等优点。

科学家培养出各种能吸收土壤中有害化学物质的常规植物或转基因植物,让它们把土壤中的有害物质集中到茎叶中,然后集中起来焚烧处理。土壤中含有不少毒害人体的重金属,经过植物吸收后还可以提炼出来,变废为宝,不但净化了土壤,还获得了贵重的重金属。甚至有科学家提出,可以在富含金的土壤中栽种能吸收金的转基因植物,这些植物"吃饱"了金之后,把它们付之一炬,就可以获得闪闪发光的金沙了。

近年来,科学家把一些独特的基因"嫁接"到普通的植物中,改变植物遗传物质的编码,让它们具有新的特性。这种转基因植物能够吸收土壤中的有害物质。美国佐治亚大学的植物学家理查德·米格教授指出,有些转基因植物的根特别长,利用这些根长的转基因植物吸收土壤中的化学污染物质特别方便,效果显著。米格教授同时还指出,对于培育吸收化学污染物质的转基因植物的地区,应严禁放牧,以免那些植物被牲畜误食后产生严重的人畜中毒事件。

中国土壤污染治理专家陈同斌和他的同事通过盆栽实验发现,对蜈蚣草施用高浓度的含磷化合物后,植株在吸收大量磷元素的同时,对含砷的有毒化合物(如砒霜)的吸收能力也显著增强。米格教授也成功地培育出可吸收土壤中砷的转基因植物。他们利用基因工程技术,将能吸收砷的细菌的两段基因插入阿拉伯芥菜的基因序列中,进而培育出可以吸收砷的转基因芥菜。

硒是人类和动物必需的一种微量元素,但吸收过量的硒会引起中毒。美国科学家曾在20世纪80年代发现,水中的硒污染会导致鸟类畸形。美国加利福尼亚大学伯克利分校的科学家培育出三种转基因印度芥菜,吸收硒污染的能力比非转基因印度芥菜大为增强。他们采用了改变植物叶绿体DNA的办法来培育转基因芥菜,而不是常规的改变细胞核DNA的方法,这样可以避免转基因植物的花粉污染天然的野生植物,保证了转基因植物的安全性。

英国的一些生物学家已经培养出一种转基因烟草,它们可以吸收

蜈蚣草

转基因阿拉伯芥菜

战区土壤中的炸药，并把炸药转化成对其他植物无害的物质，从而去除土壤的污染。这些转基因烟草植物的除污基因来源于土壤中的一种细菌，这种细菌可以产生一种转化炸药的酶。

中美科学家经过三年的努力合作，培育出一种能"吃"汞的转基因烟草。它吸收汞的能力比常规烟草高出 5 ~ 8 倍，一片汞污染严重的土壤，在生长了三四茬转基因烟草后，汞含量即可明显降低，而且本身不留残毒。科学家选择烟草治理汞污染，是因为烟草植株大，生长快，吸附性强，种植范围广。

给大海施肥

提起"施肥"，人们自然会联想到田间地头的农耕活动。但是，如果说向大海施肥，相信绝大多数人一定闻所未闻。如今，科学家们正在身体力行地给海洋补充"铁肥""氮肥"，目的是将更多的二氧化碳深埋到海底，从而遏制全球变暖。那么，这项疯狂而大胆的实验能否获得成功呢？

1990 年，美国海洋学家约翰·马丁首先提出了"海洋施肥"计划，用以遏制二氧化碳等温室气体增加造成的全球变暖。给海洋施肥，目的就是增强海洋浮游生物的光合作用，加快二氧化碳的吸收速度，从而纠正碳失衡现象。

马丁曾经对海水中的铁含量进行了精确的测量，结果发现许多海域铁浓度都很低，尤其是太平洋赤道附近海域、北太平洋海域、南大西洋海域等最低，使得这些海域表层水中浮游生物的生长均受到了抑制。因此,他认为海水中铁元素的缺乏会限制浮游生物的生长。

此后,世界各国的研究人员又先后开展了 12 项实验,证实铁确实可促进海洋浮游生物的生长。于是,一些科学家提出通过施加"铁肥"将蓝色的海洋变成绿色的"森林",志在使浮游生物大量生长以吸收过量的二氧化碳。

事实上,不仅铁元素能刺激浮游生物的生长,氮元素也是刺激浮游生物生长的关键营养成分。目前,澳大利亚海洋营养品公司正在推进以尿素为海洋肥料的计划。公司的负责人伊恩·琼斯表示,向海洋投放尿素比投放铁效果好,因为铁在被海洋浮游生物利用前可能就会下沉,而碳和氮之间具有紧密的化学关系,理论上海洋中 1 个氮原子能够捕获 7 个碳原子,并且会永久锁住碳。

然而,海洋施肥计划从提出伊始就遭到了强烈的质疑,反对的声音从未停止过。美国马萨诸塞理工学院生物海洋学家萨莉·奇泽姆认为,施加"氮肥"比"铁肥"更令人担忧。海洋中缺乏氮的区域被称为"沙漠"区。但是,这里并非毫无生机,而是充满了特殊的生命。长期的进化过程使得这些生物已经适应了缺乏氮的生存环境,成百上千的物种依赖这里的生态系统生存。施加尿素会破坏这一切,就像陆地上的化学肥料进入河流会造成沿海地带出现"死亡区域"一样。

当然,一些科学家认为海洋施肥的潜在风险也许并没有那么大。他们指出,海洋施肥可能会导致几种情况:一种是海洋会变得更绿,大气层中二氧化碳含量减少,没有不良后果;另一种是海洋不会变绿,大气层中二氧化碳含量不会减少,但也不会产生负面影响,只不过会给相关的公司造成一些经济损失而已。

那么,海洋施肥到底是人们的救赎行动,还是为了商业贸易而引发的另一场生态灾难?正如所有难以回答的问题一样,也许只有让时间回答。

人造土壤

我们都知道，土地是稀缺资源。其实，这不仅指的是可以盖房子的土地，也指那些可以维系生命的土壤。在许多人眼中，土壤也许是世界上最廉价、最微不足道的东西了，它们似乎随处可见，毫不稀奇。殊不知，我们脚下的这片土壤正在以飞快的速度流失。

如果没有了土壤，大地就会失去绿色，那时我们该怎么办？能想出来的办法就是人造土壤。为了避免人类在今后的岁月中陷入土壤危机，一些研究人员正在积极寻求应对之策，比如努力预防土壤的侵蚀和退化，通过添加有机物与矿物质改善贫瘠的土质等。而更为有效的方法是利用各种矿物以及动植物资源，变废为宝，制造人造土壤。

制造人造土壤并不轻松。要知道，大自然中的地表土壤层可不是一朝一夕形成的。它需要有风化的岩石以及腐烂的动植物充当原材料，还要有植物的根系、土壤动物、微生物、真菌等参与分解，才能在历经数百年的时间后转化形成适合万物生长的肥沃土壤。面对天然土壤资源的日益稀缺，科研人员正努力尝试模仿土壤自然形成的过程，以尽可能短的时间用人工方法制造出土壤。

从 20 世纪 90 年代中期起，美国普渡大学的研究人员就开始致力这方面的探索。当时，普渡大学正在想方设法回收校园发电厂产生的粉煤灰——煤炭燃烧后飘浮于空中的细小颗粒，与此同时又需要大量土壤来美化校园。研究人员蒂什马克听说粉煤灰可以用来改善土壤的土质。于是，她想试试看，能否以一箭双雕的方式解决问题,即用回收的粉煤灰来制造人造土壤。

要想实现这一目标,首先要有足够多的有机物与粉煤灰混合。恰好普渡大学附近有一家生产抗生素的制药厂,能够提供充足的废弃有机化合物。蒂什马克先将粉煤灰与废弃有机物混合,再往里面加入木屑与树叶,接着经过堆肥处理,最后得到了与土壤类似的物质。利用这种方法,蒂什马克和她的同事们成功制造出了大量人造土壤,并将这些人造土壤填铺到普渡大学校园的一些花坛和树林里。

在此基础上,蒂什马克成立了一家专门制造人造土壤的公司。来自制药厂的废弃有机物在堆肥过程中会产生难闻的气味,而发电厂的粉煤灰含有太多的砷,可能使土壤产生安全性问题。因此,蒂什马克进一步改进了制造人造土壤的原料,改用玉米淀粉制品的残渣来作为有机物原料,用建筑工程施工时挖出的黏土充当矿物。

除蒂什马克外,其他研究人员也在尝试以类似的方法制造人造土壤。例如,澳大利亚昆士兰大学的海恩斯将粉煤灰、鸡粪与枯枝落叶混合在一起堆肥,以获得土壤。这个研究项目获得了澳大利亚政府和工业界的赞助。海恩斯介绍说,天然的土壤中有50%是气孔,他研制的人造土壤中的各种成分在发生化学反应后,有机物与矿物紧密结合形成聚合物,从而也能形成良好的气孔结构。

将各种工业废料成功转化为土壤并不是一件简单的事,其中最关键的是要处理好污染物的问题。例如,来自污物处理厂的污泥按理是一种不错的有机物,但它们可能会含有大量有毒的重金属;而粉煤灰中可能含有高浓度的硼和砷,对植物具有很大的毒性。

也有一些科学家发出警告,人造土壤的发展虽然可以在一定程度上改善环境,但制造起来仍需小心谨慎。一旦配方成分不当,比如混入了过多的有毒物质,将无异于给地球投下了一剂毒药,后果不容小觑。

化学大师

huaxuedashi

玻意耳建立近代化学

在近代化学历史上，最重要的一个人物是玻意耳，因为是他把化学从迷信色彩极浓的炼金术变成了真正的科学。玻意耳于 1627 年 1 月 25 日生于爱尔兰的利斯莫尔。他的父亲是个伯爵，家庭富裕，所以他从小就受到良好的教育。8 岁完成家庭学习后，他在伊顿公学学习了 3 年。

1639—1644 年，玻意耳去法国、瑞典、意大利旅行和学习，回国后住在多尔塞特，博览了科学、哲学和神学等方面的书籍，并开始科学实验工作。1654 年，他迁居牛津，同助手罗伯特·胡克一起进行有关抽气机和燃烧的实验研究。与此同时，他们还同许多学者进行每周一次的学术交流，并把这种交流称为"无形的大学"。这个组织后来发展为英国皇家学会。

玻意耳十分重视实验研究，通过实验发现植物的花、叶及根的浸液可用作酸碱指示剂，并发明了石蕊试纸和墨水；将定性检验归纳起来，最先提出化学分析的名称，把当时的分析检验提高到一个新水平；在实验中运用天平，进行了金属经煅烧而加重的定量实验。

在化学理论方面，玻意耳明确提出，不应把化学作为炼金术或医药的附庸，而应当把化学作为一门独立的学科来研究。他给元素下了定义，明确了元素与化合物的区别。在物理学方面，他对光的颜色、真空和空气的弹性等进行了研究。1662 年，玻意耳提出了著名的后来以他的名字命名的定律。他还撰写了一些在化学历史上有重

要地位的著作,如《关于空气弹性及其物理力学的新实验》《怀疑派化学家》《形式和性质的起源》等。

玻意耳为人和善,重视友谊和感情。据说他一生从未与人失和。他不重视贵族头衔,尽力避开一般事务,情愿为科学研究贡献终生。

波意耳善于总结新的实验事实,敢于摒弃传统的观念,勇于提出新的理论见解。玻意耳在化学上的新见解集中反映在1661年出版的他的名著《怀疑派化学家》一书中。此书依照伽利略的风格,用对话形式写成。玻意耳在书中提出了对古希腊人的"四元素说"的怀疑,提出了科学的元素概念。玻意耳受希腊原子论的影响,把原子的思想与他的关于元素微粒的概念联系起来。

玻意耳通过多次试验和探索,给元素下了一个朴素的定义,从而把化学确立为科学。他指出,物质经过加热或发酵等作用后的生成物并不都是元素,同一种物质经过不同的处理会产生十分不同的结果,自然界中有些物质是混合的,有些物质是单纯的,如黄金、汞、硫等,它们虽能与其他物质形成与其本身不同的东西,但是它们的本性是不变的。玻意耳认为,这些原始的、简单的、一点也没有掺杂的物质就是元素。

玻意耳为化学确定了独立的研究目标,他认为化学寻求的不是制造贵金属和有用药物的实用技巧,而是应该从那些技艺中找出一般原理;不应该把化学只看作是医生和炼金术家的事,而应把它看作自然哲学的研究对象。这是化学史上第一次明确地把化学与炼金术以及其他实用工艺加以区别。

玻意耳把科学实验提到化学研究最重要的地位。他认为，"没有实验，任何新东西不能深知"。玻意耳受科学实验的开创者之一伽利略的影响，在研究化学的过程中，建立了一套科学实验的方法。他认为，要有所发现，有贡献于世界，莫过于勤在实验上下功夫。他提出，一切要从实验中来，"空谈无济于事，实验决定一切""化学是实验的科学"。玻意耳本人曾设计并做了成百上千个实验，试验了许多元素和化合物的性质。

化学大师拉瓦锡

1743 年 8 月 26 日，巴黎的夏季依然炎热。律师罗朗·拉瓦锡先生一脸喜气洋洋，因为妻子给他添了一个小宝贝，他给这个孩子取名为安托万。安托万·拉瓦锡后来成了一代化学宗师，开创了一个新的化学时代。

律师拉瓦锡先生本人对自然科学抱有浓厚的兴趣，所以儿子在耳濡目染之下也有了这方面的兴趣和爱好。父亲专门为儿子聘请了博物、物理、化学特别是数学方面的优秀教师，对他进行了完整的教育。拉瓦锡先生有时会带着孩子去拜访自己的一些博物学朋友，其中一位叫塔塔尔，是个矿物学家，他家里摆放着各种各样的矿石。小拉瓦锡非常喜欢到塔塔尔叔叔家，除了可以看到那些神秘的矿石外，还能学习做一些魔术般的化学实验。

1761 年 6 月初，小拉瓦锡中学毕业。塔塔尔叔叔参加了小拉瓦锡的毕业晚宴，他们在家庭宴会上一起讨论小拉瓦锡的前途问题。父亲决定让儿子继承自己的事业，将来做一名律师，塔塔尔也觉得小拉瓦锡反应敏捷，适合做一名律师，小拉瓦锡自己也有这一意向。

毕业的那个夏天对拉瓦锡一生的发展十分重要。在那个夏天，拉瓦锡跟塔塔尔一起到山区进行了矿物考察。这本来是他父亲为他安排的毕业旅行，拉瓦锡却迷上了这些矿物。随着拉瓦锡对矿物界认识的增加，他的问题也就越来越多。他逐渐觉得矿物学与他所打算为之献身的法学一样有趣。

夏天在不知不觉中过去了，拉瓦锡按照计划进入了索尔蓬纳学院学习法律。如果拉瓦锡一心扑在法律上，或许化学界就会失去一位划时代的巨人，但是拉瓦锡不但继承了父亲对法律的爱好，而且继

承了父亲对自然的兴趣。他在学院上法学课的同时，还抽空去听著名化学家鲁埃尔先生的课程。在化学课上，拉瓦锡知道了当时化学的进展情况及需要解决的问题。

1763 年春天，拉瓦锡顺利地通过了法学系的毕业考试，获得了法学学士学位，并到他父亲所在的律师事务所工作。这时，他对矿物和化学依然十分感兴趣，常常从枯燥的事务所里逃出来，到自己的小房间里进行矿物的研究。这时候，塔塔尔的来访是他十分高兴的事情，因为他可以和塔塔尔讨论矿物和化学方面的问题。

当时,巴黎的照明问题是人们注意的焦点,全城都在讨论这一问题。夜里,大街上一片漆黑,在城市里行走是十分危险的。科学院就以"大城市的照明"为题组织学术竞赛,征求有关的学术论文。拉瓦锡决定试试自己在这方面的才能,就参加了这个竞赛。他以巨大的热情投入对这一问题的研究,极其清晰地分析了这一问题并提出了解决办法。拉瓦锡作为一个化学大师所具备的基本素质在这时显露出来。科学院决定在院刊上发表这篇论文,并授予作者金质奖章。这次意外的成功改变了拉瓦锡的人生历程,命运向他展示了一个绝好的机遇。他很好地抓住了这一机遇,使之成为自己人生新的起点。拉瓦锡就在这个起点上一步一步地迈向了化学的巅峰。

在科学院授予他奖章的那天晚上,拉瓦锡失眠了。面对前途,他心里十分矛盾,如果终身从事律师工作,也可以成就一番事业,而且将衣食无忧;如果从事自己更喜欢的科学研究,能否成功是很难说的,而且生活得不到保障。第二天早上,他终于决定了按照自己的兴趣去做。在去律师事务所向父亲提交辞职报告的路上,拉瓦锡想:"命运真是一个难以琢磨的东西。"

拉瓦锡是近代化学的创始人之一,可是他没有发现过新物质,没有设计过真正的新仪器,也没有改进过制备方法。他的主要功绩就在于将过去和当时的许多实验成果继承下来,并用自己的定量实验补充、加强,对实验结果给予正确解释,并综合成完整的学说。他重视理论思维,善于透过现象看本质,尤其是在科学上敢于反对旧的传统观念,批判了统治化学近百年的燃素说,从而完成了化学史上的一次革命。

拉瓦锡对他的燃烧学说十分谨慎,从 1772 年到 1777 年的五年中,他做了大量的燃烧试验,例如,使磷、硫黄、木炭、钻石燃烧,将锡、铅、铁煅烧,将许多有机化合物燃烧等。他对燃烧以后所产生的剩余气体也一一加以研究。最后,他对这些试验结果进行归纳和分析。1777年,拉瓦锡最终确立了燃烧作用的氧学说。

1778—1780年间,拉瓦锡完成了《化学概要》一书,其中对当时所知的各种化学现象都提出了他的解释。这本书是近代化学形成时期最重要的一部理论著作,它对整个化学的发展有着重大的影响,是一部建立在科学理论基础上的系统著作。有人认为,它在化学上的意义,就如牛顿的《自然哲学的数学原理》在力学上的意义一样,分别是自身学科的奠基性著作。

拉瓦锡于1768年当选为法国科学院院士,还担任了火药和硝石管理局局长、征税官。法国大革命后,1793年11月,国民议会命令逮捕所有的征税官,拉瓦锡也被捕入狱。1794年5月8日,拉瓦锡被送上断头台。著名数学家拉格朗日曾经说,砍掉这个脑袋只需要一瞬间,但再过一百年也不一定会产生这样一个脑袋。

成长于药店的普劳斯特

普劳斯特于1754年9月26日出身于法国昂热一个药店商家庭,这一家庭背景对他以后的成长经历有着重要的意义。当时法国有许多著名化学家就是出身于药店家庭,或者是后来在药店当过学徒,所以药店在近代早期化学发展史上应占有一定的地位。

普劳斯特从小就十分好学,求知欲强,对父亲药房神秘的药品产生了浓厚的兴趣,经常借到药房干活的机会做一些小小的化学实验。虽然小普劳斯特常常把实验室搞得烟雾腾腾,但父亲并没有因此而进行粗暴的干涉,而是加以适当的引导。普劳斯特的父亲是一个开明的人,见孩子喜欢化学,就许诺送他到巴黎深造。在当时的法国,化学家并非一个高等的职业。到巴黎去学习成了小普劳斯特读书上进的强大动力。

在普劳斯特 14 岁的时候,父亲就把他送到了巴黎"御花园"学堂学习化学,这成了他人生的一个新起点。在那里,他有幸聆听了当时法国著名药剂师、化学教授和科学院院士鲁埃尔的授课,并得到了他的实验指导。在鲁埃尔的指导下,普劳斯特完成了对尿的初步分析,确定了尿的结晶混合物中含有氯化钠和铵盐,并发现了尿酸晶体。

普劳斯特在"御花园"学堂实验室的出色工作,使他声名远播。当时年仅 23 岁的普劳斯特就被西班牙聘为塞霍维亚实用科学研究班化学研究组的教授。1780 年,普劳斯特受聘担任了塞霍维亚皇家法政学校教授。那虽是一所军校,但专门培养未来的炮兵军官,所以学校拥有许多实验室,这使得年轻的普劳斯特十分兴奋。

在法政学校,普劳斯特进行了炸药实验,实验结果虽然不令人满意,但令他认识到传统的炸药已经很难进一步提高威力了,要提高爆炸的威力,必须开发新的爆炸物质。也是在法政学校,普劳斯特对分析矿石发生了兴趣,这为他以后发现定比定律打下了基础。

普劳斯特在研究矿石的过程中,发现了一种有趣的气体,这种气体能使硫酸铜溶液产生黑色沉淀。他给这种气体取名为"硫黄气",即后来所说的硫化氢。普劳斯特抓住这一现象,把"硫黄气"通入一些含不同金属阳离子的溶液中,发现不同阳离子能够产生不同颜色的沉淀,这是一个了不起的发现,一种新的硫化氢分离系统就建立在此基础之上。

普劳斯特主要对一些实际的化学问题感兴趣。为了提高从矿石中分离金属的产量,必须建立新的生产工艺,这样一来就需要在马德里建造研究工作使用的大型实验室。1791 年,普劳斯特离开塞霍维亚前往马德里,就任那里新建实验室的主任。在这个实验室里,有 20 多位当时颇为著名的学者,这样良好的学术环境对普劳斯特的学术进展是大有帮助的。在那里,普劳斯特继续对各种矿石的研究工作。

在研究的开始阶段,普劳斯特就发现从黄铁矿里可以分离出两种性质不同的硫酸盐,这说明了两种不同氧化态铁化合物的存在。正是对矿物组成的深入研究,使他发现了名垂史册的定比定律。当时,他在煅烧锌的时候,得到一种白色粉末。他通过煅烧各种各样的锌矿石得出结论:无论用什么办法制得的这种白色粉末,其性质都是完全一样的。普劳斯特还用其他实验论证了化合物的固定组成。定比定律的提出,对化学发展具有重大意义,它为近代原子学说奠定了科学基础,并提供了大量实验材料,直接促使了倍比定律的发现。

在普劳斯特发表定比定律之后,他与当时另一位法国化学家贝托雷之间发生了长达九年的著名论战,在这场论战中,双方都保持了良好的涵养和学术修养,因而使学术争论始终能以实验事实为准绳。贝托雷虽然在当时比普劳斯特有名得多,但他并没有以势压人。普劳斯特也并没有忘记他与贝托雷之间的争论对自己学术进展的意义,他在 1808 年给贝托雷的信中表达了他的感谢之情:"要不是您的质难,我是难以深入研究定比定律的。"

普劳斯特对法国食糖工业的发展也作出了相当的贡献。他对科学工作的巨大贡献也得到了法国科学家的高度评价。1816 年,普劳斯特当选为法国科学院院士,这是他当之无愧的荣誉。

门捷列夫与元素周期律

门捷列夫于 1834 年 2 月 7 日诞生在西伯利亚的托波尔斯克城的一个中学校长的家里,是其父的第十七个孩子。在 16 岁时,他的父亲因病双目失明而无法工作,过了几年这位老教育家就离开了人世,这一个大家庭的重担就落在其母德米特里也夫娜的身上。她是一位异常能干的妇人,不管生活多么困难,她依然维持了孩子们的学校教育,把他们教养成为有文化的人。

19 世纪初期,沙皇尼古拉一世把与十二月党人有关的许多革命者流放到西伯利亚,托波尔斯克城也是一个流放的地区。一位爱好自然科学的被流放者和门捷列夫的姐姐结了婚。这使得童年时期的门捷列夫有了接触自然科学知识的机会。

德米特里也夫娜为了使家里最小的孩子门捷列夫能受到高等教育,她克服了许多困难,把家搬到圣彼得堡。门捷列夫在那里考进了中央师范学院。那时的师范学院里有一些学识渊博的教授,而化学家伏斯克列辛斯基的教学和研究工作尤其鼓舞了这位年轻的大学生,使门捷列夫的天才在这里获得了迅速和多方面的发展。

门捷列夫快从师范学院毕业时,他的母亲逝世了。后来他在一部有关溶液的著作的前言中,曾经有一段纪念他母亲的话:"这部著作是一个小儿子献给母亲的纪念品。为了使这个儿子能得到很好的科学教育,她曾经费尽了最后的精力。临终时,她还说,不要幻想,要坚持工作,耐心地寻求科学的真理吧……我将永远记着母亲的遗言。"从这段话里,可以看出,母亲对于门捷列夫后来在科学上的钻研精神是有相当大的影响的。

1858年9月,门捷列夫被任命为圣彼得堡大学的讲师,不久就担任理论化学和有机化学两门课程的教学工作。因为教学成绩优异,1859年他被派往法国巴黎和德国海德堡大学的化学实验室进行研究工作。他在国外逗留了两年,接触到当时许多著名的化学家,并且于1860年参加了化学史上具有重要意义的卡尔斯鲁厄化学大会,这是他留学时最大的收获。

1865年,圣彼得堡大学授予门捷列夫科学博士学位,接下来他就被聘任为普通化学教授。作为一名教师,他富有教学的天才,他的教室里经常坐满了各系的学生。有一位学生在回忆受门捷列夫的教益时说:"我从1867年到1869年是工学院的学生,门捷列夫是我们的教授。我在听他的课之前,曾经跟别的教授学过化学,感觉到很难接受许多需要死记的零碎事实。可是在门捷列夫那里,我开始认识到化学是一门丰富生动的科学。他的最动人之处是能使学生跟着他进行思考,学生们都为能认识必然达到的科学结论而感到兴奋愉

快。"从这一位学生的话里,我们可以知道,门捷列夫不仅仅是一位科学巨人,同时也擅长教育。

1854 年,当门捷列夫还是 20 岁的青年时,发表了第一篇科学研究论文,是关于几种褐帘石的分析结果。从此以后,他就不断地将科学研究成果写成论文、小册子和书籍公开发表,一共有 262 种之多。

门捷列夫科学生涯的转折点发生在 1867 年 10 月,当时他担任圣彼得堡大学的化学系主任。他发现没有一本合适的教科书,于是决定自己编写。他写出的是一本概括化学基础知识的书,书名为《化学原理》,共出了八版,最后一版于 1906 年发行。在 19 世纪后期和 20 世纪初,这本书被国际化学界公认为标准著作,曾被译成德、法、英各国文字。在编写《化学原理》的过程中,门捷列夫研究了物质的化学性质、密度与元素的原子量、化合物的分子量之间的关系,使按顺序而排列的各种元素的性质呈现明显的周期性,影响化学发展进程的元素周期律得以发现。

后来,人们曾经不止一次地问过门捷列夫,他是从什么思想出发,并且用什么方法,来发现并且肯定周期律的。他就用下面的话来答复:"当我在考虑物质的时候,总不能避开两个问题,即物质有多少和物质是什么样的? 这就是说,物质有两个概念,质量和化学性质。我相信物质质量的永恒性,也相信元素化学性质的永恒性,因此自然而然地就产生这样的思想,在元素的质量和化学性质之间,一定存在着某种联系。"

各国的科学团体因为门捷列夫划时代的发现,纷纷请他去讲学,并且授予他好些奖章,而这位伟大的学者并不重视个人的荣誉,在任何场合他都不佩戴那些奖章。但是他非常重视祖国的光荣,对于有人企图从俄国夺去发现周期律的荣誉这件事,他一点也不妥协。

冷嘲热讽刺激出大化学家

现在,当一提起某某人是化学家时,人们都会流露出景仰的目光。这个现象说明了随着人类文明的进步,科学在人类生活中的地位越来越重要,科学家这一职业也就相应地受到了人们的尊重。但在 17 世纪以前,科学被广泛地视为雕虫小技,科学家被人们视为不务正业的浪子。

相对于天文学、生物学、物理学和数学来说,化学得到人们的承认更晚。直至 19 世纪中期(在某些国家甚至更晚),化学家才作为一种职业得到社会的认可。在此之前,在校的中小学生如果有谁说他长大了要当一个化学家的话,必然会招致同学和老师甚至当地所有人的嘲笑。没有一个良好的社会舆论环境,就很难有很好的人才成长起来,可见当时化学的发展是相当艰难的。尽管如此,偏偏有一些小孩从小就迷恋于化学,而且不畏惧众人的耻笑。正是这种大无畏的精神造就了一批化学巨匠。

我们首先要介绍的是荷兰物理化学家亨利·范霍夫。范霍夫上中学的时候,学校开设了物理和化学实验课,他立即对这些神奇的实验产生了浓厚的兴趣。这所学校的校长原来是学习化学专业的,时常向学生们讲述一些化学发展的历史。班上的同学都感到这些历史枯燥难懂,而年轻的亨利却听得津津有味,大概就是在这个时候他开始打算将来成为一个继承和发展化学历史的人。

在一个阳光明媚的星期天下午,学校的一位老师霍克维尔先生

在校园里散步,欣赏初春的美景。这时,他看见实验室里有一个人影在晃动。他快步走上灰色的台阶,打开实验室的门冲了进去,看见小范霍夫正在实验台前忙碌着,原来他在蒸馏硝基苯。霍克维尔先生对小范霍夫的旁若无人十分不满,对他狠狠地喊了一嗓子。小范霍夫这才发现来的是霍克维尔先生,脸色一下变得苍白,违反校规他倒不在乎,他是怕父亲知道这件事。

"把酒精灯灭掉,我们一起去找你的父亲,我要跟他谈谈。"亨利所担心的事情终于发生了。到了家门口,霍克维尔先生看见了钉在门上的"医学博士范霍夫"的铜牌子,严肃地对亨利说:"这个名字受到鹿特丹所有人的尊敬,你也应该端正自己的行为,免得玷污了它。"

范霍夫先生知道这一消息后果然大为生气,深为震惊。他原想把自己的儿子培养成为一个道德高尚、有责任感和自尊心的人,而现在,他却迷上了什么都不是的化学。儿子想成为一个落魄的化学家,这简直就是家庭的叛逆,因为范霍夫一家在当地素有声望。

小范霍夫毕业后想当一名化学家的事情很快就传遍了全镇,大家都在谈论这件事情,他被冷嘲热讽包围着。在当时的荷兰,人们普遍瞧不起化学家。然而小范霍夫是个极有主见的孩子,他认准了的事情谁也不能改变。这使得他的父亲也不得不做出让步,虽然禁止他偷偷溜进学校实验室做实验,却允许他在自己医疗室的一个房间里做实验。

后来，亨利·范霍夫按照自己的意愿奋斗，最终成了一名著名的物理化学家，并荣幸地获得了第一届诺贝尔化学奖。当他载誉归来的时候，不知他的父亲、他的老师和曾经讽刺过他的小镇人们作何感想。

接下来我们要介绍的是德国有机化学家李比希。李比希小的时候，父亲在街道上开办医药和染料作坊。幼年的李比希就常常喜欢到父亲的作坊里去玩，看着那些神奇运转的机器和变色的染料，小李比希经常陷于幻想之中。在逐渐长大以后，李比希就自己动手制作一些小机器，并获得父母的默许。这样一个良好的家庭环境对他以后成为一个化学家是大有帮助的。

与家庭相反，学校却使年幼的李比希感到厌烦。天资聪颖的李比希对学校开设的拉丁文等课程却毫无兴趣，因而他的成绩每况愈下，常常是倒数第一二名。与李比希竞争倒数第一名的是邻桌的罗伊林格。李比希在听课的时候常常想到自己制作的土炸弹，而他正想得出神的时候，偶尔注意到罗伊林格也把教科书推在一边，正趴在课桌一角聚精会神地写着什么。李比希好奇地问他："你在干什么？"罗伊林格自豪地说："我在作曲！"

由于学习成绩较差，李比希不受老师的喜欢，还常常在全体同学面前接受校长的指名批评。经过多次批评，李比希的学习依然没有长进。校长十分生气，有一次他挖苦地问李比希："你这样的学生在学校经常给老师添麻烦，在家里让父母担心，这样闹下去，将来长大了怎么办呢？"李比希理直气壮地回答："我要当化学家。"这句话一出口，顿时引来校长和同学们的哄堂大笑。在当时的德国，化学家被人们认为是那些在肥皂作坊里添柴烧火的小伙计和在染色作坊里做工的人。将如此卑微的工作视为男子汉的终生职业，难怪会招来嘲

174

笑。但在李比希那年幼的心灵中，化学家有特定的分量。

几十年以后，李比希的确成了一位著名的化学家。有一次经过奥地利首都维也纳一家剧院的时候，他看见音乐会的乐队指挥居然是他少年时代的朋友罗伊林格。他们的老师和同学或许没有谁会想到，当年倒数第一二名的学生现今却成了各自领域内拔尖的人物。

最后，我们要介绍的是俄罗斯结构化学家布特列洛夫。他从小失去了母亲，是父亲一手把他拉扯大的。小时候的布特列洛夫就能够冷静地对待同学们的冷嘲热讽，学习相当刻苦，在学校是一个学习优秀的学生。在他稍大的时候，父亲把他送到一家寄宿学校上中学，这所学校以校规严格而著称。

炸弹和鞭炮对小孩子来说是十分神奇的东西。有创造力的小孩往往会将对一件事的好奇转向去揭开其中的秘密。实际上，化学史上有许多化学家对化学的兴趣正是从火药开始的，这大概是人类所共有的原始的冒险精神的驱使。布特列洛夫在寄宿学校认识了一个新伙伴托尼亚，并通过托尼亚知道了炸药。有一次，托尼亚弄来了硫黄和硝石，他们又从厨房里弄来了大量木炭，打定主意要做炸药。炸药的实验让布特列洛夫很着迷，一有空就去做实验。

布特列洛夫很快就遇到了麻烦。由于没有地方做实验，他只好把宿舍当实验室。他的指导员老师罗兰特常常从他的床底下搜查到不少装着化学试剂的玻璃瓶子。罗兰特将这些瓶子全都扔到了垃圾桶中，并让他在炉子旁罚跪。然而，布特列洛夫有着不屈不挠的精神，旧瓶子被不断搜走，新瓶子却不断出现。

有一回，他和托尼亚在宿舍制造一种蓝色烟火，突然炸药爆炸了，高高的火焰烧着了他的头发和眉毛。罗兰特闻声闯进屋来，把两个肇事者关进了禁闭室。罗兰特还恶狠狠地对他们说："你们这两个凶手,你们想把学校炸掉吗?"这次处罚很重,一连三天,在其他同学吃饭的时候,布特列洛夫就被带到屋角罚站,脖子上还挂了一个醒目的小黑板,黑板上写着一句被认为是侮辱性的话:"大化学家。"

这一件事极大地刺激了少年布特列洛夫,他不但没有因此而放弃对化学的爱好,而是坚定了探索化学奥秘的决心。后来他终于成了真正的大化学家,而这一名称不是被挂在脖子上,而是记在史册上,记在人们的心中。

热心炸药研究的诺贝尔

对于诺贝尔,我们已经很熟悉了,因为每年一度的诺贝尔奖是全世界最重要的奖项。诺贝尔是瑞典化学家,出生在瑞典首都斯德哥尔摩,他父亲是一个机械师兼建筑师。1837年,诺贝尔随同全家迁居芬兰,后来又到俄国的圣彼得堡,1859年又迁回瑞典。

诺贝尔8岁才开始上学,但是他聪明过人,很快就学会了英、法、俄、德等多门外语。诺贝尔一生的主要精力用于研究炸药。1862年夏天,他成功找到了硝化甘油的引爆方法。然而,这次成功却给他带来了灾难。1864年9月3日,诺贝尔实验室发生了大爆炸,爆炸声响彻数千米,附近的居民都以为发生了地震,4位助手和他的小弟弟当场身亡。当地政府被惊动了,勒令诺贝尔停止危险的实验。

但是,这并未动摇诺贝尔研究炸药的决心。市内不允许做实验,

他就把实验室迁到离斯德哥尔摩市 3.2 千米的马拉湖中的一只平底船上。不久,他就发明了雷管。他还往硝化甘油中加入甲醇并以 3∶1 的比例与硅藻土混合,从而制成了稳定并且爆炸力又非常强的黄色炸药。

1867 年 7 月 14 日,诺贝尔在英国的一个矿山上,当着政府官员、产业界要人和许多工人的面演示了他的黄色炸药。这种炸药不怕烧、捶击和强力振动,稳定性较好,但用雷管引爆后威力惊人,炸得山摇地动。这样,诺贝尔的黄色炸药和雷管在实业界赢得了极大的信誉,销售量极大,盈利很高。1875 年,诺贝尔把硝化纤维与硝化甘油混合制成了胶状炸药,1887 年又研制出无烟火药。

诺贝尔把他的一切献给了科学和事业,终生未娶。他一生发明很多,获专利 255 种,他的炸药厂和炸药公司获利最多,累计达 30 亿瑞典克朗,所以他是一位亿万富翁。但是诺贝尔并未以此去享乐,而是把这些财富设立了基金,用于每年奖励那些为人类的科学、文化与和平事业作出贡献的人,极大地推动了现代文明的发展。诺贝尔说:"金钱这东西,只要能够解决本人的生活就行了,若是多了它会成为遏制人才能的祸害。有儿女的人,父母只要留给他们教育费就行了,如果给予多余的财产,那是鼓励懒惰,就会使下一代人不能发展个人独立生活的能力和聪明才干。"

"喜新厌旧"的鲍林

1901年2月28日,鲍林出生在美国西部俄勒冈州波特兰市一位药剂师的家里。才几岁时,鲍林对和那些小孩子一起玩的兴趣就比较淡了,他开始寻找新的游戏场所,最后他发现父亲的药店是一个神奇的地方,就常常往药店跑了。鲍林并不是一个很有耐心的孩子,但是他在看父亲配药的时候很有些耐心,一看就是大半天。他对那些花色各样的药粉和药膏产生了浓厚的兴趣,就向父亲打听那些药粉药膏的名称和用途。

可是,这样的幸福生活并不长久,9岁那年,父亲突然去世,家里的生活一下子就显得困难起来,鲍林又还小,母亲不得不把药店转让给别人。鲍林童年时候的好友杰弗里,家里的经济状况不错,在当地算是富裕人家。杰弗里的父亲是一个业余的化学爱好者,所以在家中建立了一个小小的化学实验室,鲍林就常常到他家去玩。直到鲍林长大成人之后,他还记得在那里见识的一些化学实验。他印象最深的是一个氧化实验,大人们将氯酸钾和糖混合在一起,然后滴几滴浓硫酸,激烈的反应就发生了,产生了大量的气体,留下了一堆黑乎乎的碳。

进入本地高中之后,学校有了化学课,而且有更加专业的实验室,比杰弗里家的实验室要好多了,鲍林就开始利用学校的实验条件,尝试一些新鲜的化学实验。在中学的时候,家里的经济状况已经不好了,所以鲍林特别珍惜这来之不易的学习机会,学习特别用功,成绩优秀,高中毕业后就考上了俄勒冈州立大学。

如果说在上大学之前还算比较顺利的话,大学之后就开始有了挫折,这挫折不是由于鲍林自身的原因,而是来自家庭。就在他进入大学的第二年,母亲开始生病,家中的经济更困难了,鲍林不得不中断学业,去寻找挣钱的机会。碰巧有个化学试剂公司缺一个定量分析的实验员,鲍林就开始干起了实验员的工作,挣钱以养活全家,这一做就是一年。

一年后,母亲的病基本好转,又可以干些活计维持家用了,鲍林才得以重回大学读书。他在学校里也是边学习边打工,从而减轻了家庭的负担。鲍林对学习更加用功起来,思路开阔,而且又肯钻研,深得学校教授的赏识。大学毕业之后,鲍林进入加利福尼亚理工学院攻读博士学位。1925 年,鲍林获得博士学位,时年 24 岁。

获得学位之后,鲍林留校任教一直到 1963 年。1954 年,诺贝尔评奖委员会授予鲍林化学奖,是因为他在结构化学领域的化学键理论方面有突出的贡献。鲍林对化学键理论的兴趣始于 1919 年,那时他还在上大学一年级。当时对他影响很大的有两篇论文,一篇是路易斯在 1916 年发表的关于分子中共用电子对理论的论文,一篇是朗缪尔(1932 年诺贝尔化学奖获得者) 在 1919 年发表的关于路易斯共用电子对理论应用的论文。

在大学二三年级时,鲍林就根据当时已有的资料对化学键理论作了些综合性的总结,并在大学生中开展了好些吸引人的讲座。

1922年,俄勒冈州立大学年鉴称鲍林为"少年天才"。在鲍林的化学键理论中,他觉得最有影响的是杂化轨道理论,此理论的完善得益于薛定谔方程。1928年,鲍林就提出了杂化轨道的概念。1931年初,他在从实验室回家的路上,突然想起薛定谔方程是可以简化的,并思考怎样进行简化。在简化这个方程的过程中,他把杂化轨道概念进一步发展成为杂化轨道理论,这个理论能够合理地解释和推导分子中原子间的相互作用,并对新的化学反应的可能性做出预测。

鲍林在化学键理论方面的另外一个重要成就是共振论的提出。1931年,鲍林利用量子力学来解决化学键的本质问题,这在当时还算是比较新潮的研究方法。不少化学家对这种方法嗤之以鼻,不仅是因为当时相当多的化学家不知道量子力学为何物,更重要的是没有研究理论化学的传统,化学家们固执地认为所有的成果都必须从实验中出来。

其他物理学家和化学家都对鲍林的理论感到高深莫测,好在鲍林是一个演说方面的天才,他四处讲学,像教小学生那样向那些化学家们讲解他的新理论。此前,传统的化学键理论在解释大分子有机化合物,尤其是芳香族化合物的过程中遇到了困难,而鲍林的共振论很好地解决了这个难题,化学家们就不得不放下架子钻研起鲍林的"新潮"理论来。于是,鲍林因共振论一举成名,从而也给量子化学的建立奠定了基础。

鲍林在化学研究方面的兴趣十分广泛,凡是新颖热门的课题他都比较有兴趣,但是鲍林的研究也不是无的放矢、全面撒网,而是都在为他自己的核心课题服务。这个课题就是化学键的本质问题,所有的研究都围绕着这个核心问题。

鲍林一生所从事的课题很多,研究的领域也很广泛,获得的成果也很多,荣誉更是数不胜数。可以说他一生所获得的荣誉在科学家中应该算是很罕见了,这些都得益于他在科学研究中那"喜新厌旧"的探索精神。

坚韧不拔的居里夫人

在当今世界上,居里夫人这个名字几乎是家喻户晓了。这不仅仅因为她在发现放射性元素镭时,以顽强的毅力和废寝忘食的工作态度而著称于世,还因为她那崇高的思想品德和热爱祖国的精神,受到了全世界人民的尊敬。即使在她身居异乡,第一次作出重大的贡献——发现放射性元素钋的时候,也时刻不忘被沙皇侵占的祖国,把这个新元素命名为 Polonium（中译名钋）,以纪念她伟大的祖国波兰。

玛丽·居里原名玛丽·斯科罗多夫斯卡,于 1867 年 11 月 7 日生于波兰华沙,她的父母是信奉天主教的地主的后代,是不被当时占领波兰的俄国政府尊重的知识分子。玛丽在俄国的一所高级中学学习时,就是一位成绩优良的学生,曾获得过金质奖章。后来,玛丽为了让她的姐姐布罗尼雅·斯科罗多夫斯卡去巴黎上学,放弃了学业而去担任家庭教师。她的姐姐毕业以后,当了医生,并让玛丽到巴黎上学。

1893 年 7 月 28 日,玛丽以物理学第一、数学第二的成绩毕业于巴黎大学。这位成绩优秀的学生受到法国著名的数学家和物理学家普恩卡莱的赏识,著名的物理学家李普曼向玛丽开放了他的实验室,使她有机会获得更多的知识和实际经验。玛丽专注于对各种物质进

行放射性考察。她经过刻苦努力，除了证实了铀具有放射性以外，还发现了钍也具有放射性。

玛丽不但发现了钍的放射性，她还通过观察获得了一个更为重大的结果，即沥青铀矿和辉铜矿的放射性比推算出来的矿石中含铀量的放射性要强 4～5 倍。玛丽意识到，可能有未知的放射性物质存在，如果要把这种放射性元素提取出来，首先需要大量的沥青铀矿，而且还需把这些大量的矿物分解，然后进行无数次的分离和提纯操作，这样也许能获得少量的新元素。可以设想，这样的研究工作将需要多么繁重的劳动啊！

玛丽虽然深知自己的力量是十分微弱的，但是她毫不犹豫地以献身科学的精神投入了这一艰巨的工作，充分展现了她坚强的性格。她的丈夫皮埃尔·居里也十分感动，毅然暂时放弃了自己的研究工作，和玛丽一起对沥青铀矿进行化学处理。

在这项研究工作中，奥地利政府向玛丽和皮埃尔伸出了援助之手，从波希米亚的圣·约阿希姆斯塔尔矿运来了大量的沥青铀矿，供他们提取新元素。由于沥青铀矿中所含的镭不会超过千万分之几，所以即使要得到几毫克的镭，也需要处理几万千克的沥青铀矿残渣。

为了制取一丁点镭盐，玛丽整整工作了 4 年，日夜奔走在几百个蒸发皿之间进行重结晶操作。在他们那间简陋的实验室里，居里夫妇既是探索原子奥秘的科学家，又是勤勤恳恳的体力劳动者，即使是那样艰苦的条件也丝毫未能动摇居里夫妇追求真理的信念。最后，他们终于完成了化学元素发现史上的一件最艰巨的任务。

1902 年，居里夫妇终于从沥青铀矿的矿渣中提取出来 0.1 克氯化镭，它是一种白色的粉末。最奇妙的是，氯化镭在黑暗中会发射出白色的光，这使玛丽感到异常的惊喜，她事后在笔记本上记叙："我们在晚间走进实验室，这已经成为我们最有乐趣的事情。我们举目四望，那些珍藏着我们产品的小瓶和小管，无时无刻不在黑暗中闪烁着微弱的白光。这实在是一种可爱的情景。对我们来说，它永远是新奇的。这些发光的小瓶和小管，看上去犹如轻盈的小仙子在里面跳跃。"

确实，有谁能不对自己辛勤地劳动了 4 年才收获到的成果怀有深厚的感情呢！后来，玛丽在回顾自己在这所阴冷潮湿的实验室中度过的艰难困苦的岁月时，认为这是她一生中"最美好的和最快乐的年代"，这就是伟大的科学家的思想境界。

1903 年 6 月，36 岁的玛丽·居里进行博士论文答辩，论文的题目是《放射性物质的研究》。由于居里夫妇和贝克勒在发现放射性上的重大贡献，1903 年的诺贝尔物理学奖分发给了他们三个人，一位刚刚毕业的博士生就这样获得了举世瞩目的科学奖。

玛丽在一生中虽然获得过许许多多的荣誉，但是她把这些荣誉看得很淡薄，她曾经说过："我毫不认为勋章是我需要的东西，因为我最需要的是一座实验室。"从这里，我们可以清楚地看到，居里夫人追求的是什么。全世界杰出的科学家的代表爱因斯坦曾经这样赞美居里夫人的这种崇高的思想境界："在所有的名人中，居里夫人是少有的不为荣誉倾倒的人。"

同样，居里夫妇也是不索取任何物质报酬的科学家。当他们把镭提炼出来以后，许多人争相索取制取镭的秘密，甚至不惜用重金向他们购买专利权。这时，摆在居里夫妇面前的是两条路：是把科研成果当作发财致富的资本,还是毫无保留地把成果献给全人类。从他们二人的一段对话中,可以看到他们的选择。

皮埃尔:"我们必须在这两种决定中选择一种,其中之一就是毫无保留地描述我们的研究成果,包括提炼的步骤在内。"

玛丽:"对,当然应该这样做。"

皮埃尔:"另外一种选择是我们以镭的所有者和发明家自居,取得这种技术的专利权。"

玛丽:"决不能这样,这是违反科学精神的,我们决不能从中牟利!"